Rachel Carson

THE
EDGE OF
THE
SEA

[美] 蕾切尔·卡森————著

庄安祺—————译

海 之 滨

北京联合出版公司
Beijing United Publishing Co.,Ltd.

图书在版编目（CIP）数据

海之滨 /（美）蕾切尔·卡森著；庄安祺译. — 北京：北京联合出版公司，2019.4

ISBN 978-7-5596-0877-2

Ⅰ.①海… Ⅱ.①蕾… ②庄… Ⅲ.①海滨－海洋生物－普及读物 Ⅳ.①Q178.531-49

中国版本图书馆CIP数据核字（2019）第038859号

海之滨

作　　者：（美）蕾切尔·卡森
译　　者：庄安祺
责任编辑：孙志文
产品经理：于海娣
特约编辑：陈　红

- -

北京联合出版公司出版
（北京市西城区德外大街83号楼9层　100088）
北京联合天畅文化传播公司发行
天津光之彩印刷有限公司印刷　新华书店经销
字数 143千字　880mm×1230mm　1/32　印张 7.75
2019年4月第1版　2019年4月第1次印刷
ISBN 978-7-5596-0877-2
定价：46.00元

- -

· 目 录

第一章

边缘世界

自有大地和海洋以来，就有这个边缘世界。

它有双重本质，随着潮汐的节奏，

一会儿属于陆地，一会儿归向海洋。

夜里，黑暗笼罩着让人目眩神驰的一切，

海陆交融，两界的生命息息相关，

揭示边缘世界的莫测与深邃。

　　海之滨是奇特而美丽的地方。在地球悠久的历史中，海滨永不平静；浪花重重地拍击海岸，潮水向前侵蚀大地，向后退却，接着，又重新上涌。海岸线每天都千变万化，潮水以它们永恒的韵律涨落，海平面本身也随着冰川的融化或形成而升降，随着深海盆地海床沉淀物的增加，或者随着大陆边缘地壳的扭曲和压力的调整而上升或下降。今天沉入海洋的陆地较多，明天则较少，海滨永远是一条捉摸不定、难以描绘的界线。

海岸有双重本质，随着潮汐的节奏，一会儿属于陆地，一会儿归向海洋。潮退之际，它冷热交替，暴露于风、雨和灼热的太阳之下，面对粗野难驯的陆地世界；潮涨时，海岸又进入水的世界，暂时重回广阔大海平稳安定的怀抱。

唯有最强健、适应力最强的生物，才能生存在如此多变的地域；然而，高低潮线之间，却处处是动植物。在海岸这个生存困难的世界中，生命展现出了巨大的韧性和活力，占据了我们想象得到的每个角落。我们可以见到生物布满潮间带的岩石间，隐藏在裂沟罅隙里，潜身在圆石之下，或是埋伏在海洋潮湿隐蔽的洞穴之中。在看不见的世界里，不经意的观察者可能会以为没有生命可言，其实它们深埋于沙中，潜藏在洞穴、地下管道和通路下；在坚硬的岩石和孔穴中挖掘隧道，通入泥煤和黏土；镶嵌在海草和漂流的晶石上，或是坚硬的龙虾壳上。它们的存在极其微小，就如细菌的薄膜覆盖在岩石表面或码头桩上；或如某些原生动物，小如针孔，在海面上闪闪发光；又如小人国的人物，漫游过沙粒之间的黑暗水塘。

海岸是古老的世界，自有大地和海洋以来，就有这块水陆之交。这也是永保持续创造、无限生机、生命不息的世界。每当我步入其中，就更能领略它的美和深刻，体验到生物之间以及生物与环境息息相关、错综复杂的生命交织。

在我关于海滨的思绪中，有个独特的角落，因为展现了细致精巧的美，而特别突出。这是一个隐藏在洞穴中的水潭，只有在每年潮汐降到最低，露出洞穴之时，我才能趁隙造访。也许正因为如此，它才显得特别美。我选择了这样的退潮时分，是希望能够一窥水潭的究竟。

退潮是在大清早，我料想，如果吹起西北风，又没有远处暴雨余波的干扰，那么海面就会降到洞口之下。原先夜里下起了教人担心的急雨，仿佛将一把一把的碎石抛掷在屋顶上。然而，清晨我朝外望去，只见天空一片灰色晨霭，太阳还没有露脸，海水和天空苍茫一片。海湾对面，一轮满月挂在西方，悬在遥远朦胧的海岸线上；八月的满月，使得潮水线低到了海洋异域世界的门槛。在我注视之时，一对海鸥飞掠，越过云杉林边缘，天际因日出而透着红光。这一天还会是个好天气。

不久之后，我站在近洞口水潭的潮水线之上，天际依然维持着预示晴朗的淡红光泽。我落脚的岩石峭壁底部，有一块突出的覆满苔藓的礁岩，伸向深海；在礁岩边缘的大浪中，昆布那如皮革般平滑光亮的暗色叶片摇摆不定。突出的礁岩正是通往隐藏洞穴和水潭的通路。偶尔会有一波更强的浪头平稳地滚过礁岩边缘，拍击岩壁，碎成浪花。但这种大浪间隔的时间够长，能容我登上礁岩，探看小巧可爱的岩洞。此岩洞如此稀罕，出现的时间又如此短暂。

于是，我跪在湿润的海藻毯上，回头探看把水潭围在浅湾内的幽暗洞窟。洞底距顶仅有几英寸（1英寸约等于2.54厘米），所有生长在顶上的，都倒映在下面的静水中，形成一面镜子。

在清澈如玻璃的水下，水潭里铺满了绿色的海绵。成块的灰色海鞘在洞顶上闪闪发光，聚集的软珊瑚则呈淡杏色。在我朝洞内探看之际，一只细巧的小精灵海星垂挂了下来，由最纤细的线缕连接（也许只是由一只管足所连接）。它向下伸展，碰触自己的倒影，影子轮廓如此完美，教人不得不疑心那可能是两只海星，而非一只。倒影和水潭本身的美稍纵即逝，只待海浪再度填满这小小洞窟。

每当我走下这奇妙的浅水区时，都忍不住寻找最精致美丽的岸边生物，绽放在深海门槛的花朵，不是植物，而是动物。在小巧可爱的洞窟里，我从没有失望过。

由洞顶悬垂下来的是水螅纲筒螅飘逸的淡粉色花朵，像海葵一样精致且有穗边。这里的生物如此精巧，如梦似幻，脆弱得难以在充满蛮力的世界中生存。然而，其每个细部都自有其功能，每根茎、水螅体和如花瓣似的触手，都是为了面对生存的现实而生。退潮的时候，它们只是静待海水再度涌入；接着，海水涌现，在奔腾的浪头和潮涌的压力下，娇柔的"头状花序"充满了生气，活泼起来。它们在细长的茎上摇摆，长长的触手掠过回涌的海水，在其中搜寻维系生命所需的一切。

大海门槛的那片美景教我着迷，和一小时前我所离开的陆地世界大不相同，我曾在佐治亚沿岸日暮时分的美丽海滩上，有同样恍如隔世般的感受。日落之后，我走下潮湿发亮的沙滩，到潮水退却的边际，回望无垠的沙滩，越过填满海水的蜿蜒小沟和海潮所留下来的浅池，我意识到这个在潮汐的作用下产生的区域，虽然会周期性地遭海洋遗弃，却总会回到涨潮的怀抱中。在浅水之滨，沙滩和陆地的遗迹似乎已经远去，仅有风、海和鸟的声音——风吹过水面、水滑过沙滩、浪头迸碎的声音。沙滩上，鸟儿喧闹不已，半蹼白翅鹬的鸣叫声不断在耳际萦绕。其中一只在水边发出急切的喧嚷，海滨上方传来遥远的回答，两只鸟儿飞到一处，结为伴侣。

　　夜幕低垂，沙滩也添上了神秘的外衣。最后一缕光线由散布的水潭和小湾反射回来，接着，鸟儿也只剩下黑影，无法分辨出色彩来。三趾鹬像小幽灵一样匆匆跑过海滩，也随处可见半蹼白翅鹬的身影越发阴暗。通常要等我走到距离很近的时候，它们才会警觉，三趾鹬奔逃，半蹼白翅鹬则边叫边飞起。黑色的剪嘴鸥沿着海缘飞翔，身影浮现在金属般的幽暗光泽里。它们倏地飞上沙滩，就像大蛾朦胧的身影；偶尔，它们"掠过"潮水蜿蜒的内湾，小小水面卷起涟漪，显现出藏身其间的小鱼。

　　夜里的海岸与白日里是截然不同的，黑暗笼罩着日光下教人目眩神驰的一切，更凸显了自然的本体。有一次，我在夜间的海岸边探索，火炬的光芒让一只小沙蟹受到了惊吓。它正栖身于自己在浪头上刚挖掘的洞穴中，仿佛在那里注视着海洋，并等待着。夜的黑幕笼罩了海水、天空和海岸，这黑暗是属于古老世界的，远在人类出现之前便已存在。

万籁俱寂，唯有笼罩、吹袭在水面和沙岸上的风声，以及浪头打在海滩上的声音，没有其他生命，只有接近海洋的一只小小沙蟹。我曾在其他环境下见过上百只沙蟹，但现在突然有一种奇怪的感受——这是我首次见到这个生物在属于它自己的世界里——也是我首次了解到它存在的本质。那一刻，时间倏然静止，我所属的世界已不再存在，我成了来自外层空间的旁观者。独自在海边的小蟹成了生命本身的象征，象征着精巧、脆弱，却又生机无限，设法在无机世界的残酷现实中，占有一席之地。

这种创世的感受源自对南方海岸的忆想。在那里，海洋和红树林携手合作，在佛罗里达西南外海塑造了数千座荒野小岛，以错综复杂的海湾、礁湖和狭窄的水道分隔。我记得一个冬日，天空湛蓝，阳光普照，虽然没有风，流动的空气却如透明的水晶一样冰凉。我登上其中一座被海水冲蚀的小岛，奋力绕行到可避风的海湾那头。在那里，潮水已远退，露出小海湾宽广的泥滩，边缘红树林立，枝干扭曲、叶片光滑、长长的气根向下伸展，牢牢握住泥泞，使陆地向外伸展一点，又伸展一点。

泥滩上遍布小巧、色彩迷人的软体动物——樱蛤的贝壳，宛若散落的粉色玫瑰的花瓣；这附近一定有它们的聚居地，埋藏在泥地下。起初，唯一可见的生物是苍鹭，拥有暗淡的锈红灰色羽毛，这是一只棕颈鹭，以鹭鸟典型的偷偷摸摸和犹犹豫豫的动作涉泥滩而过。此外，还有其他陆地生物来过此地，因为有一行新的足迹蜿蜒在红树林的根部，这是一只浣熊取食牡蛎的路径。牡蛎由壳内伸出斧足，附着在红树林的气根上。不久，我就发现了一只滨鸟的踪影，也许是三趾鹬。我追踪这些足迹，但它们朝水面而去，不久就消失了，潮水抹平了它们，仿佛它们从未存在过一样。

越过小海湾朝外望去，我强烈感受到在海滨的边缘世界中，海陆交融，两界的生命息息相关。我也感觉到无止境奔流的时光，抹去了过往的一切，一如那天清晨，海浪冲走了鸟儿的足迹。

时光流转的顺序和意义，静静地刻画在数百只小螺体上——嚼食树枝和树根的红树林滨螺。它们的祖先一度生活在海中，因为生命历程的重重束缚，而受限于咸水水域。一点一滴，经过千百万年，逐渐摆脱束缚，这些螺类适应了脱离海水水域的生活，如今生活在潮水上几英尺（1英尺约等于0.3048米）之遥，只偶尔回到水下。也许，谁知道此后多少年，它们的子孙甚至连这样纪念海洋的仪式都会舍弃。

其他螺类的螺旋状贝壳（极其微小），在它们四处搜寻食物之际，于泥沙上留下了蜿蜒的痕迹。这是拟蟹守螺，看到它们，不禁勾起我的思古之情，希望能见到奥杜邦（Audubon，美国画家，1785—1851）一个多世纪前所见到的生物；这种小小的拟蟹守螺是火烈鸟的食物，在这海岸上，曾有不计其数的火烈鸟。我半闭起眼，几乎可以想见这些绚丽的鸟儿在小湾觅食，湾里尽是它们美丽的色彩。在地球上的生命中，它们如此存在似乎只不过是昨天的事而已。在大自然里，时间和空间是相对的，也许唯有借这样神奇的时空，引发电光石火般的主观顿悟之际，才能最真实地感知到。

连接这些情境和记忆的，是一条共同的线索——随着生命的出现、进化、消失，而以各种各样的方式呈现出来的奇观。在这美丽的奇观之下，自然有其意义和暗示，而教我们迷惑的，正是那意义的捉摸不定，使我们一次又一次地进入隐藏此谜之钥的自然世界。它使我们回到海之滨，在此，生命的戏剧，演出了第一幕或序曲；在此，进化的力量迄今依然运作，一如往昔生命初现之际；在此，宇宙本体的生物奇观，清澄明晰。

第二章

海岸生物模式

海岸，因其艰难和变化多端的环境，

而成为生命的试炼场。

在这里，精准而完美的适应力，

是求生存不可或缺的条件。

海滨的所有生物，以其存在来证明，

它们战胜了残酷的世界。

刻画在岩石上的生命初期历史极端模糊、断续，因此不可能准确说明生物究竟何时首次登上海岸殖民地，也不可能指出生命出现的确切时间。在地球历史的前半期——始生代，沉淀的岩石因数千万英尺的重叠压力，以及受限于地心深处的高热，而起了物理化学变化。只有在一些地方，如加拿大东部，它们才暴露出地表，供人研究。然而，即使这些岩石历史的篇章曾记载着生命的痕迹，也早已经湮没。

　　接下来的篇章——数亿年原生代时期的岩石，也同样让人失望。岩石内有大量的铁质沉积，可能是由某种藻类和细菌形成的；其他的沉积物——奇特的碳酸钙球块，则可能是由分泌石灰的海藻形成的。有人大胆指出，在这些古老岩石上的化石或模糊的痕迹，应该是海绵、水母或是硬甲壳类节肢动物，但持怀疑或保守论调的学者则认为，这些痕迹源自无机物。

　　突然，在早期草图式的记录篇章之后，整段历史被破坏殆尽。蕴藏着数百万年前寒武纪历史的沉积岩，或因遭到侵蚀，或经由猛烈的地表变迁而消失得无影无踪，或隐没在如今已是深海海底之处。这种损失使得生命变迁的故事出现了无可跨越的空白。

　　早期岩石化石记录的稀少，以及整块沉淀物的消失，或许与早期海洋和大气初期的化学本质有关。有专家认为，前寒武纪的海洋缺乏钙，或至少是当时的环境条件难以使生物分泌出钙质甲壳和骨骼。果真如此的话，那么栖息其间的动物必然大多属软体，不容易留下化石。依据地质理论，大气中大量的二氧化碳和海中相对地缺乏二氧化碳，也影响了岩石的风化。因此，前寒武纪的沉积岩一定一再地遭到侵蚀、冲刷、重新再沉积，结果也造成了化石的破坏。

　　记录再续之际，已是寒武纪时代，距今约有5亿年历史，所有主要的无脊椎动物（包括大部分的海滨动物）突然出现，发育完全，欣欣向荣，包括海绵、水母、各种各样的爬虫、几种如螺一样的简单软体动物，以及节肢动物。藻类也非常茂密，虽然还没有出现高等植物，但栖于当今海岸的各大动植物的基本雏形，至少在寒武纪时代的海域中均已显现。我们也可以依据充分的证据假设，5亿年前高低潮水线之间的狭长陆地和地球史上现阶段的潮间带，大体上是相似的。

我们还可以假设，至少在5亿年前，这些在寒武纪已经发育完全的无脊椎动物，是由较简单的形体演化而来，虽然它们的长相究竟如何，我们可能永远也不会知道。或许，现在有些物种的幼虫阶段可能和其祖先很相似，只是它们祖先的遗迹已遭大地摧毁破坏，未能留存。

自寒武纪曙光乍现的数亿年间，海洋生命依然不断地演化，基本生物群的亚门生物也出现了，新物种已然诞生。许多早期的生命形式已经消失，演化成更适合在该世界生存的生物；另有一些寒武纪时代的原始生物，它们是例外，因为至今还是和它们早期的祖先没什么两样。海岸，因其艰难和变化多端的环境，成为生命的试炼场，在这里，精准而完美的适应力，是求生存不可或缺的条件。

海滨所有的生物（不论是过去还是现在），根据它们存在的事实，证明它们适应了自己所生活的世界——一个庞大的实体，海洋本身的物质现实以及联系所有生物及其群体的微妙的生命关系。生物模式由这些现实创造成形，互相混合交叠，因此主要的架构是极其复杂的。

浅水区的底部和潮间带是由崎岖的峭壁和圆石、宽广的平坦沙地，或是珊瑚礁和浅滩构成的，与可见的生命形式息息相关。岩石海岸尽管被海浪冲刷，但可以通过适应岩石提供的坚硬表面以及用于消散海浪力量的其他结构，使生命能够大大方方地存在。处处可见生物生存的证据：海草、藤壶、贻贝和海螺构成的彩色织锦覆盖在岩石上，更脆弱的生物则隐身于罅隙裂缝之中，或藏在圆石之下。另一方面，沙则构成了柔软、多变且不稳定的下层土壤，因海浪不断地扰动，很少有活的生物能够在它的表面甚或更上层保持稳定，或据有一席之地。一切都在底层，沙底看不见的生物藏身潜穴、地下管道和地下窝巢。

以珊瑚礁为主的海岸必定是温暖的，因为唯有温暖的洋流带来珊瑚动物可以生存的气候，才可能造成珊瑚礁的存在。礁石，不论静止或者移动，都提供了生物能够依附的坚硬表面，这样的海岸就像由岩石峭壁包围的海岸一样，不同之处只在于礁石的多层白垩沉淀物。珊瑚海岸变化万千的热带动物发展出与矿岩或沙地生物不同的特殊适应方式。美国大西洋海岸包含了珊瑚礁、矿岩及沙地三种地形，各种和海岸本身相关的生命形式也就展现在当地，美丽且清晰。

在基本的地质生物模式之外，还有其他生物模式。逐浪的生物和栖息于静谧水域的生物不同，虽然它们可能属于同一种类。在潮水汹涌的地区，生命存在于连绵不断的地带，由高潮线到低潮线，这些地带包括很少有潮水涌动的隐蔽之处，或地下隐藏着生物的沙滩。潮水使得水温有所提高，把幼虫阶段的海洋生物分送到各地，创造了另一个世界。

美国大西洋海岸再一次实实在在地展现在海洋生物观察者的面前，如精心设计科学实验般的清晰，展现了潮水、海浪和洋流之间相辅相成的作用。北方的岩岸，位于芬迪湾的区域，处于全世界最强烈的潮流区。这里的生物生存在开阔的海域中，潮水所创造的生物区宛若图表一般简洁明了。隐藏在沙岸的潮水区域，我们可以明显地观察到海浪的痕迹。

在佛罗里达州南端，既没有强潮也没有巨浪。这是典型的珊瑚海岸，由珊瑚动物和红树林在平静、温暖的水域中繁衍蔓延而来。洋流从西印度群岛带来了栖息在那个世界的生物，复制了那个地区奇特的热带动物群。

除了所有这些塑造生命的模式之外，还有由海水本身创造的模式。而由海水引入或保留的食物，所挟带的强烈化学性质的物质，不论好坏，都能影响它们所接触的生物。在海岸上，生物和环境之间的关系绝非仅由单一因果造成。每个生物都由许多网线和外界的世界衔接，编织出复杂的生命结构。

居住在开阔海面的生物不怕面对迎头大浪，因为它们可以潜入深水，避开巨浪；海岸上的动植物却无从逃避，惊涛拍岸，释放出巨大的力量，其拍击力之猛烈，教人不可置信。大不列颠岛一些无掩蔽的开阔海岸及其他大西洋东部的岛屿，就承受了世界上最猛烈大浪的冲击，起于横扫过无垠海洋的风，拍击的力量有时可达每平方英尺两吨。美洲大西洋海岸则没有这样的巨浪，属隐蔽型的海岸；但即便是在此处，冬日风暴及夏季飓风掀起的波浪不但规模庞大，而且具有毁灭性。缅因州海岸的孟希根岛，就位于这样的暴风路径上，浪头重重地拍在它面海的陡峭悬崖上，一无遮掩。在猛烈的暴风雨中，巨浪的水花越过海面上约百英尺高的白头顶峰。在一些暴风雨中，浪头扫上被称为"鸥岩"的矮崖壁上，高约60英尺。

离岸遥远的海底也依然可以感受到大浪的影响，设在海中约两百英尺深的捕龙虾的网经常因此而移位，或是掉入石头缝隙间。但最大的问题仍在于：大浪拍击的岸边或紧邻岸边之处，很少有海岸能完全封杀生物争取立足之地的努力。松散粗糙的沙粒在海浪袭来时滚转移位，潮退时又迅速干燥，因此无生物可栖；其他一些坚实的沙岸虽然看起来好似不毛之地，却能在深层处维持着丰富的生物群落；鹅卵石构成的海岸在浪袭时因石头互相碾磨，大部分生物都不可能以此为家；然而，由崎岖峭壁和暗礁构成的海岸，除非海浪力量分外强大，否则这儿就是丰富多样的动植物的家园了。

藤壶可能是大浪区生物的最佳典范，笠贝和小小的滨螺表现亦佳。有一种褐色粗质的石生海草是褐藻或生于海岸岩石上的海藻，是能够在中大浪下繁茂生长的物种，其他物种则需要某种程度的保护、遮蔽。有一点经验之后，我们只需凭海岸边的动植物，就可以辨识出所在海域浪头的巨大程度。例如，如果一种在潮退时纠结如绳索般的泡叶菜在此生长繁茂、分布甚广，我们就知道海岸受到适度的保护，很少受大浪侵袭。

反之，如果泡叶菜很稀少，甚或没有它的踪迹，而由矮小、叶片扁平而前端逐渐尖细，不断分枝的岩藻覆满该区，那么我们就可以敏锐地感受到开阔海面的存在以及海浪的千钧万鼎之力。因为岩藻和其他组织坚韧、有弹性的低生海草，是开阔海岸的标志，它们可以生存在泡叶菜无法忍受的海中。如果在另一段海岸，几乎没有任何植物生存，只是一块岩石区，而由成千上万如雪般的藤壶覆盖染白，它们尖锐的角锥迎向使人窒息的海浪，我们就可以肯定，这段海岸必然一无遮掩，完全承受了浪头的力量。

藤壶有两项长处，使其得以生存在其他生物都无法存活的环境中。它矮小的圆锥外形拨开了海浪的力量，使海浪滚滚而逝，无法对它造成损害；此外，圆锥的基部牢牢地以天然黏着剂附着在岩石上，非得用利刃才能除下。因此，海浪区的两种危险——冲刷和碾压，对藤壶而言都毫无意义。然而它之所以能存活在这种环境中，实在也是奇迹，我们只要想想：为了适应海浪的袭击而有这种外形和可以牢牢黏附的基部，在此争取立足之地并非成年的藤壶，它只不过是幼虫。

在惊涛拍岸之际，纤弱的幼虫要在海浪冲刷岩石的立足点上固着下来，设法在组织重组、转变为成虫的变形关键之际，不能遭冲刷而去；而用以黏附的初生胶逐渐推挤变硬，甲壳则围绕着柔软的身体而生。在我看来，要在大浪中完成这一切，远比岩藻芽苞面对的还要困难，而且事实摆在眼前，藤壶能够栖息在暴露的岩石上，海草却无法立足。

流线型的形体已经被其他生物所采纳，甚至加以改进。有些则摆脱了对岩石的永久依附，笠贝就是其中之一——这是一种简单而原始的贝类，在其组织上有一顶像苦力戴的斗笠。这平滑倾斜的圆锥形轮廓使得海浪无法伤它分毫，只能澎湃远去。的确，海水拍击的力量只会使得笠扇壳下肌肉组织的吸盘更稳固，从而加强了它对岩石的附着。

还有一些其他的生物，虽然也保持着平滑的圆形轮廓，却伸出足丝，紧抓着岩石，贻贝就是采用这样的方法。即使是在一小块区域，贻贝的数量都会像天文数字那般惊人。每只贻贝的壳都由一束坚韧的纤维依附在岩石上，每条纤维都闪烁着丝质光泽。这些纤维就是天然的丝，由足部的腺体分泌构成，足丝朝四面八方延伸，一有断裂，就由其他的来替代，并及时修补。然而，大部分的纤维均朝前生长，在暴风雨掀起滔天巨浪时，贻贝就可能摆动旋转，面向大海，以狭窄的"船首"迎接海浪，借此减少海浪对自己的冲击力。

就连海胆也能在中强度的海浪中稳住自己。它们每支细窄的管足前端都有吸盘，朝四面八方伸去。我曾为缅因州海岸的碧绿海胆而惊叹不已，它们紧紧依附在大潮低水位时暴露出来的石头上，在闪着碧绿光泽的身躯下，平铺着一层玫瑰色泽的美丽珊瑚藻类。在那里，海底呈险坡陡降，低潮的浪花拍打斜坡的顶点，然后，强劲的水流渐渐回归海里。但随着每波浪潮退去，海胆依然矗立在它们原有的位置，不为所动。

至于在大潮下阴森款摆的长茎海带，在海浪区求生存的关键则是化学因素。它们的组织中蕴含大量的海藻酸及盐类，具有能够伸缩的力量和弹性，以便承受波浪的拉动和冲击。

尚有其他生物（包括动植物），把生命缩减为薄薄一层爬行的细胞垫。许多海绵、海鞘、苔藓虫和海藻就是以这样的形式，忍受海浪的力量，因此而闯入海浪区。然而，一旦去除了海浪的塑形和训练作用，种类相同的生物就可能会有完全不同的形体。在面海的岩石上，淡绿色的海绵如纸般薄；在岩岸的深水层，其组织却形成了厚块，布满锥形和弹坑似的结构，那正是这种生物的特征。又如史氏菊海鞘在波涛汹涌之处，可能仅露出简单的一层胶版；但在平静的海域，却由悬垂的裂片垂下缀满了星状的形体。

在沙岸上，几乎所有的生物都学会了挖坑掘洞，隐藏于沙下以躲避海浪；而岩石上的部分生物也会借着钻探，以求安全。在卡罗来纳古老泥灰岩暴露的海岸上，散布着海枣贝，泥煤团块中，含有软体动物海笋蛤精雕细琢的壳，如瓷器般脆弱，却能深深地扎入泥土或岩石内。小小的番红砗磲钻透了混凝土支架，其他物种的牡蛎和等足类动物则钻透了木材。

所有这些生物都放弃了自由，以换取逃避波涛的庇护之所，永远幽禁在自己雕刻的斗室之内。

浩瀚的洋流体系像河流一样流经海洋，因其大部分都发生在近海，以致我们可能会以为它们对潮间带生物的影响很微小，但其实它们影响深远，因为它们把大量的水输送了较长的距离。这些水分在数千、数万英里（1英里约等于1.609千米）的旅程中，保持原先的温度，因而热带的温暖朝北输送，而北极的严寒则远远地传到了赤道。洋流，极可能是塑造海洋气候最重要的因素。

生命，就算取广义的定义，把一切活的生物都包含在内，也只存在于较狭窄的温度范围内，约在32～210华氏度（0~99摄氏度）之间。地球这个星球特别适合生命生存，因为其温度相当稳定，尤其在海洋中，温度的变化是温和且缓慢的。许多动物早已经适应了固定的水温，突变和巨变都是致命的；生活在海岸边，于低潮时会暴露在空气中的生物，则必须要强健一点。但就算是这些生物，也都有它们能够适应的温度，一旦超越这个范围，它们就很少涉足。

大部分的热带动物对温度变化（尤其是对高温）比北地动物更为敏感，这也许是它们通常所生活的水域，终年也不过改变几度之故。有些热带的海胆、钥孔蛾和海蛇尾，在水温升到99华氏度（37摄氏度）时就会死亡。另一方面，极地的狮鬃水母却非常强健，一半的伞体遭到冰封之际，依然蠕动不已，甚至在结冻数小时之后，仍然能够复生。鲎（马蹄蟹）则是另一个能忍受温度极端变化的物种。这个物种分布的地带极广，北方的种类能够忍受新英格兰的冰封；而南方的代表则能够在佛罗里达，甚至是更南方，位于墨西哥湾的尤卡坦半岛的热带水域生存。

大部分的海滨生物都能忍受温带海岸的季节变迁，有些却必须逃避冬季的酷寒。沙蟹和沙蚤在沙里挖掘出非常深的洞穴，藏在洞里冬眠；经年在海浪中觅食的鼹蟹在冬季则退到近海海底；许多外观如开花植物的水螅，在冬天来临时，缩回它们生命本体的核心部位，把所有活组织撤回本体的茎部；其他的海滨动物则像植物王国中的一年生草本一样，在夏日末了时死亡。所有的白水母，在夏日是海滨水域的常客，当最后一抹秋风止息的时候却都已经死去；但是下一代以植物一样的小生物的形态存活，依附在潮下的岩石上。

对大部分经年持续生活在老地方的海滨生物而言，冬天最危险的问题不在于冷，而在于冰。在岸边结冰之际，原本生长在岩石上的藤壶、贻贝和海草全都因冰块在浪里相互碾磨，而被抹得一干二净。这样的情况发生之后，可能需要好几季的时间，还要有温和的冬季气候，才能让一切恢复旧观，使整个区域再度充满生机。

大部分海洋动物对水中温度都有特定的偏好，因此，我们可把北美东部的海滨水域分为好几处生物区。这些区域的水温除了随着纬度由南至北而渐进变化之外，也深受洋流的影响。温暖的热带海水被墨西哥湾流挟带北上，而寒冷的拉布拉多洋流由北而下，在湾流近陆地的边缘，冷热水流交汇，造成复杂的混合。

洋流由佛罗里达海峡入海，随着宽度大幅变化的大陆架外缘，上溯远及哈特拉斯角，在佛罗里达东岸朱庇特湾，大陆架变得非常狭窄；站在海岸上放眼望去，可看到翡翠绿的浅滩，以及因汇入湾流，而突然变成深蓝色的海水。约在此处，仿佛有一道温度的屏障，把南佛罗里达和礁岛群的热带动物群与卡纳维拉尔角及哈特拉斯角之间的温带动物群区隔开来。哈特拉斯角的大陆架再度变得狭窄，湾流更接近内陆，北涌的水于是滤过沙洲、淹没沙丘谷地等复杂的地形。再一次地，我们又可看到生物区的界限，虽然此界限仍在不断改变，而非绝对的界限。冬日，哈特拉斯角的温度可能阻断了暖水域生物朝北的移居通道；但在夏季，温度的障碍崩溃，隐形的门开启，同种类的生物则可能远及科德角。

由哈特拉斯角北上，大陆架越来越宽，湾流远远朝外海而去，和从北方来的冷水流激烈地渗透混合，因此加速了寒冷的速度。哈特拉斯角和科德角之间的温度差异相去甚远，宛如距离长达5倍远的大西洋两岸的加那利群岛和挪威南部一样。对于随着温度移居的海洋动物而言，这是个中间区，冷水域的生物在冬天进入，而暖水域的种类则在夏季涌来。定居此处的动物都有混合而不明确的特性，因为这一区似乎自南北两方接收了一些较能忍受温度变化的生物，却很少有完全独属于此区的种类。

动物学上早就视科德角为数千种生物的生长界域。它伸入海洋深处，干扰了来自南方的暖水通道，并且在其海岸的长湾之内，容纳了来自北方的寒冷海水。这里也是海水过渡到不同海岸的地点，南方的狭长沙滩由岩石取代，而海岸也逐渐由岩石主宰，形成了海滨。同样崎岖的轮廓也出现在这一区水下看不见的海底。

在这里，在深水区，水温较低，与南部相比，更接近海岸，对海滨动物种群具有有趣的区域性影响。虽然近海的水域很深，无数的岛屿和崎岖不平的海岸却创造了极大的潮间带，因此提供了丰富的海岸生物。这是低温带，许多无法忍受科德角南方暖水域的物种，都栖息此处。一方面由于低温，另一方面由于海岸属于岩岸，因此海草生长茂密，覆盖着潮退后的岩石，形成了各种不同的色调。成群的滨螺在此以海草为生，而此地的海岸也因长满数百万的藤壶而呈白色，或因栖居着数百万的贻贝而呈黑色。

远处，格陵兰岛南部，拉布拉多半岛和纽芬兰海域，海洋温度以及在其间生长的动植物都属亚北极区。更远的北方就是北极区，其界限的划分尚不明确。

虽然在美洲海岸，这样的基础区分依然十分方便且有根据，但到了20世纪30年代，就可以很明显地看出，科德角不再如以往一般，是南方暖水域生物绕行此区的绝对界限。奇怪的变化已然发生，许多动物由南方侵入这块冷水水域，北上缅因州，甚至加拿大。这种新的分布当然和20世纪初开始，如今亦得到印证的气候变化有关——气温升高首先始自北极区，接着扩展到亚北极区，再传到北方各温带地区。由于科德角北方水域温度升高，不止南方的各种成年动物，就连幼年阶段的动物也能够在此生存。

教人印象最深刻的北迁范例是绿蟹。原本科德角北部没有它们的踪迹，现在缅因州所有的采蛤人却早就熟悉它们的身影，因为它们习惯以蛤的幼虫为食。在20世纪初，动物学手册把这种动物的范围划在新泽西州和科德角之间。1905年，波特兰附近出现了它们的足迹；到了1930年，缅因州海岸中段的汉考克县附近，也可采集到它们的标本；接下来十年，它们继续北移，到达冬港（不冻港）；1951年，则在吕贝克附近发现了它们的踪影。接着，它们沿着帕萨马科迪湾的海岸北上，到达加拿大的新斯科舍。

水温升高使得鲱鱼不再现身缅因州。海水变暖或许并非唯一的原因，但要负部分的责任。鲱鱼虽然减少了，但来自南方的鱼种增加了。油鲱，是鲱鱼家族中数量较庞大的一种，经常被用来制造肥料、机油，以及其他工业产品。1880年代，缅因州尚有油鲱工厂，接着油鲱便消失了，后来的许多年都只出现在新泽西州南方的水域。然而，约在1950年，它们又开始回到缅因海域，随之而来的是弗吉尼亚的渔船和渔民。同一族的另一种称作圆腹鲱的鱼，也朝北越移越远。1920年代，哈佛大学的毕吉洛教授（Henry Bigelow）的报告说，这种鱼的分布领域从墨西哥湾到科德角，并指出它在科德角已经十分罕见（在普罗温斯敦捕获的两只，已被保存在哈佛大学比较动物学博物馆中）。然而在1950年代，这种鱼大群出现在缅因海域，渔产业也开始以之制罐。

其他零零星星的报告也说明了同样的趋势，从前在科德角闻所未闻的虾蛄，如今已经绕过科德角，散布到缅因湾南端。处处可见软壳蛤受到温暖夏日温度的不利影响，而在纽约水域，它们也被硬壳的品种取而代之。原本只有在夏季才会越过科德角北上的牙鳕，如今一年四季均可捕得；而原本以为只分布在南方水域的鱼种，如今也沿着纽约州的海岸产卵，它们稚嫩的幼鱼原本是不耐此地寒冬的。

虽然有这些例外，但科德角至纽芬兰之间的海岸属典型的冷水域区，一群北地动植物栖息其间。此地和遥远的北地世界有着强烈且迷人的相似性，借着海洋融合一切的力量，与北极海域、不列颠群岛和斯堪的纳维亚半岛相联结。有相当多的物种在大西洋东岸都出现了复本，因此不列颠群岛的海洋动植物手册也适用于新英格兰，可能涵盖80%的海草和60%的海洋动物。另一方面，美国北部地区和北极的关系，远比英国海岸和北极的关系更密切。一种大型的昆布属海藻——北极海带，虽然南下出现在缅因海岸，但在大西洋东岸不见踪影；另一种北极海葵，在北大西洋西岸直到新斯科舍数量极多，在缅因州则较少，但在大西洋彼岸的大不列颠，却未出现过，只限于更北部较冷的水域。许多种类，如绿海胆、血红海星、鳕和鲱，都显示了海洋生物环绕北方海域的分布，绕过地球顶端，经由融化冰川和浮冰的寒冷潮流，把一些北方的动物向南带到北太平洋和北大西洋。

北大西洋的两岸有如此多样雷同的动植物，显然横越的方法相当容易。湾流把许多移栖动物带离美国海岸，然而到另一头的距离实在遥远，而大部分动物的幼年阶段相对短暂，成年开始时必须抵达浅水水域，因此情况日益复杂。在这大西洋北部，有淹没的洋脊、浅滩和岛屿作为中间站，可轻易地分为几个阶段横渡。在更早的地质年代，这些浅滩甚至范围更宽广，因此长久下来，主动和被动的移居也都可行。

在纬度较低之处，生物必须越过大西洋海盆，此处岛屿和浅滩都不多见，而就连在这深凹之处，也会发生幼虫和成年动物的移居。百慕大群岛因火山运动升上海面之后，通过墨西哥湾暖流全盘接收了移自西印度群岛的生物，完成了规模较小的跨洋长征。如果把困难度纳入考虑，就不免教人惊叹，西印度群岛的生物竟然有这么多都和非洲生物雷同或近似，它们显然跨越了赤道洋流。这些生物包括海星、虾、小龙虾和软体动物。这种规模的长征不由得教人认定，移居的必然是已成年的生物，乘着浮木或漂浮的海草，旅行了遥远的路途。在现代，也曾发现非洲软体动物和海星借着上述方法，抵达圣赫勒拿岛。

古生物学的记录证明了大陆的轮廓有所变化，洋流的波动亦有变迁，若非这些早期的陆地模型，目前许多动植物的分布情况可就更神秘难解了。例如，曾有一度，大西洋的西印度群岛区域能够通过洋流，直接与太平洋和印度洋的遥远水域接触。接着，南北美洲的陆桥连接了起来，赤道洋流转向东，树立了海洋生物分布的障碍。但在当今的物种中，我们能追溯到它过去的踪迹。有一次，我发现了一只奇特的小软体动物，栖息在佛罗里达万岛海湾底层安静的海龟草地上。它通体碧绿，如草一般，小小的身体撑着薄薄的壳，大得鼓了出来。这是一种泊螺，最近的亲属居住在印度洋中。在南北卡罗来纳州的岸边，我也发现了钙质管构成的如岩石般的块状物，是由群聚的暗色小虫所分泌的。这在大西洋几乎前所未见，同样，它也是太平洋和印度洋生物的亲戚。

因此，移栖和疏散是持续全球性的过程——表达出生命扩展、占据所有地球可栖之处的需要。无论在什么时代，其模式都是由大陆的形状和洋流的流动而定，且永不止息，永不结束。

在潮水运动剧烈、潮流范围广泛的海岸边，人们每天、每小时都能感受到潮水的涨落。每次满潮压上陆地的门槛，都是海水进犯大陆的激情表现；而潮退之际，则让我们见到一个陌生的世界。或许它是广阔的泥滩，其上奇特的洞孔、小丘或痕迹显示出此处隐藏着与陆地上不同的生命；或许它是海藻编织的草地，因海水退去，如今平伏而潮湿，保护着其下所有的动物。潮水更直接地触动人们的听觉神经，诉说自己和海浪声迥异的语言。在没有辽阔波涛的海岸，涨潮的声音最为清晰。万籁俱寂的夜晚，潮水无波上涌，发出嘈杂的撞击、旋动声，不断地拍打陆地的岩石边缘，有时候低声咕哝、喃喃低语，接着，所有低沉的声音都因急流般的潮水涌入，而迅速遭到湮没。

在这样的海岸上，潮水塑造了大自然和生物的行为。它们的起落使所有生存在高低潮水线的生物每天两次体验陆地生活——居住在近低潮线的生物，暴露在太阳和空气底下的时光短暂；而居住在海岸更高处的生物，暴露在陌生环境的时间更长，需要更大的耐受力。不过，在所有的潮间带区，生命的脉动都随潮水的韵律调整。在分属海洋和陆地的交替世界里，靠着呼吸溶解于海水中的氧气而活的海洋生物，必须找到保持湿润的方法；而少数跨越陆地高潮线以肺呼吸的生物，也必须保护自己，找到自己的氧气供应之法，以免涨潮时溺毙。潮水低的时候，潮间带生物很少，甚至没有食物；而在海水覆盖海岸的时候，生命的基本活动过程还是得持续下去，因此，生物动静交替的韵律正反映了潮水的韵律。

潮涨时，深藏在沙中的动物或来到表面，或伸出长长的呼吸管、虹吸管，或开始由它们的洞穴中嘟出水来。固着在岩石上的动物，或张开它们的壳，或伸出触角觅食。掠食动物和食草动物则四处活跃。退潮之际，沙滩生物退回深层湿地，岩石上的动物也用尽种种方法避免干燥。长有钙质管的生物缩回管内，以进化过的鳃纤维封住入口，就像软木塞封住瓶口一样恰到好处。藤壶闭起了壳，维持鳃四周的湿度，螺类也缩回它们的壳内，闭起如门一般的厣板，以阻绝空气，并把海洋的湿度封存其间。钩虾和沙蚤隐身岩石或海草之间，等着潮水再度涨起，让它们重获自由。

在整个朔望月中，随着月亮盈亏，深受月球引力影响的潮汐也有强弱之别。高低潮线日日变化。在满月之后，以及继新月之后，施加在海上造成潮汐的力量比一个月内的任何时候都多，这是那时日月和地球呈一条直线，引力加在一起之故。由于复杂的天文原因，最大的潮汐效应发生在紧接着满月和新月之后的几天，而非正好在月亮盈亏的那几天。

在这段时期，潮水比其他时候都涨得更高，而退潮则退得更低，这在撒克逊语中称之为"跃潮"（sprungen）。跃潮指的不是季节，而是指潮水满溢，好像要"跃"出似的，意即强烈而活泼的动作。任何一个看过新月潮水涌上岩壁的人，都会认为这个词名副其实。在上下弦月，月亮的引力和太阳的拉力呈直角，因此，两种力量互相干扰，造成潮水运动迟滞和缓，既没有涨得如朔望大潮那般高，也没有退得如它那般低。这股和缓的潮水被称作"小潮"（neaps）——这个词可追溯到斯堪的纳维亚语的字源，意即"几乎没有接触""几乎不够"。

在北美洲大西洋沿岸，潮水以所谓的半日韵律（semidiurnal rhythm）波动，每个潮汐日，约在24小时50分钟之内，都有两个高潮，两个低潮，每个低潮都发生在前一个低潮约12小时25分钟之后（不过也会因地方不同而略有变化），当然，两个高潮之间，也有类似的间隔。

在整个地球上，潮水的分布有极大的不同，甚至只是在美国的大西洋岸，就有非常大的差异。在佛罗里达礁岛群，潮水涨退仅有一二英尺高，在佛罗里达州的长岸，朔望大潮的高度也仅达三四英尺，但再稍微偏北一些的佐治亚州的西雅群岛，涨潮高度则高达8英尺。接着，在南北卡罗来纳州，以及往北达新英格兰，潮水稍弱。在南卡罗来纳州的查尔斯顿，朔望大潮减为6英尺、在北卡罗来纳的博福特为3英尺，到了新泽西州的五月角则为5英尺。南塔克特岛几乎没有潮汐，不过，在仅30英里之遥的科德角湾岸，朔望大潮却高达10～11英尺。新英格兰大部分的岩岸位于芬迪湾，潮水的高低虽有变，但大体而言依然相当可观，普罗温斯敦10英尺，巴尔港12英尺，东港20英尺，加来22英尺。汹涌的潮水和多岩海岸交会，包罗万象的生物生长其间，展现了潮水在这个地区对生物的影响。

日复一日，浩瀚的潮水在新英格兰的岩石岸边涨落，与大海边缘平行的彩色条纹，在海滨刻下了痕迹，这些带状条纹或区域是由生物构成，反映潮汐的各个阶段，因为海滨具体的某一层能够暴露多久，大体上足以决定什么生物可以生存其间。最强健的生物生存在较高的地区。地球上最古老的植物——蓝绿藻，虽然起源于海洋，如今却由海中冒出，在高潮线以上的岩石上形成了黑色的痕迹，这片黑色区域在世界各地的岩石海岸都清晰可见。在这片黑色区域的下方，逐渐往陆地生物方向发展的海螺则以植被薄膜为生，时而隐藏在岩石的缝隙之中。但是，最显著的区域开始于上层的潮线，高潮线下拥挤着数以百万计的藤壶，使岩石发白，贻贝深蓝色的斑纹偶尔混杂其间。在它们的下方，是海藻——岩藻的褐色区域。

在低潮线附近，角叉菜沿着低潮线生长，像软垫一般——这大片缤纷的色彩在和缓运动的小潮间并未完全显露，大浪来袭时却清晰可见。有时候，角叉菜的红棕色会被质地坚韧、细如发丝的另一种海草缠绕，染上鲜绿。朔望大潮退至最低处的最后一个小时，便显现了另一区的生物：在这潮下世界中，所有的岩石都因包覆着分泌石灰的海草，而染上了深玫瑰色调。此处，大海草的棕色缎带闪闪发光，暴露在岩石之上。

除了极小的区别之外，这样的生物模式出现在世界各个角落。各地之间的差异通常取决于浪潮的强弱，也许一区遭到严重地挤缩，另一区却能够尽情发展。例如，在浪头汹涌之处，白色的藤壶区大片覆盖在海岸的上方，岩藻区则大幅地压缩；而在风平浪静之处，岩藻不但占据大片的中间海岸，甚至还侵入上方的岩石区，使藤壶难以伸展。

也许由某个角度来看，真正的潮间区是小潮的高低水位之间。在每个潮汐循环中，这片区域会完全被潮水覆盖，又完全裸露出来，每天两次。栖息其间的生物是典型的海滨动植物，需要日日与海洋接触，还能忍受有限地暴露在陆地环境之中。

在小潮的高水位之上，有一个更偏陆地而非海洋的地带，生存其间的主要是先驱物种，它们早已朝陆地生活迈进，可以忍受数小时，甚或数日与海洋的分离。有一种藤壶就移居到这种比高潮位更高的岩石区，一个月里只有在朔望大潮时的几个昼夜，海水才会到达这个区域。潮水来时，带来食物和氧气，并在繁殖季节把幼虫带回上层水域的"育婴园"；就在这短短的时间内，藤壶得以进行生命必需的一切过程。而当这14天中最高的潮水退去之后，它就再度留在异域之中，唯一的防卫就是紧紧合上壳片，尽量在身体周遭保留海洋的湿润。在其一生之中，短暂而激烈的活动和冬眠般长期的静寂状态交替，就像北极的植物必须在短短几周的夏日里，制造和贮存食物、开出花朵、结出种子一样，藤壶也大幅改变了自己的生活方式，以便生存在条件恶劣的环境里。

少数海洋动物攀到比朔望大潮高水位更高的浪溅区（splash zone）。在这里，仅有的含盐水分来自海浪拍岸时的溅洒。滨螺属的海螺类就在这群先驱之中，而属于西印度群岛的其中一支更能够忍受数月离海的生活。另一种浅滨螺则等待朔望大潮的巨浪把它的卵带入海中，它所有的活动几乎都可以离水进行，唯有最重要的生育大计例外。

潮水摇摆的韵律越来越低，在接近朔望大潮的水位时，小潮低水位下的地域才会暴露出来。在整个潮间区，这个地带和海洋连接得最紧密，许多栖息其间的，都是海上生物。它们能够生存在这里，主要是因为暴露在空气中的时间很短暂，而且很少。

潮汐和生物区之间的关系非常清楚，但动物还是以许多较不明显的方式，调整它们的活动，以适应潮汐的韵律，其中有些是利用海水的涨落。例如，幼年时期的牡蛎就运用潮水的流动，移到适合附着的地点。成年牡蛎生活在海湾或河口，而非充满海洋盐分的地点，因此，幼虫的散布若发生在远离开阔海洋的方向，则对牡蛎种族的生存比较有利。牡蛎幼虫刚孵出来时，随波逐流，潮水一会儿把它们带向海洋，一会儿又推向入海口或海湾的上游。在许多入海口，因河水的推动和水量使退潮的持续时间比涨潮长，在长达2周的幼虫期，朝大海而去的洋流使幼年牡蛎远涉洋中。然而，幼虫长大后，却出现了截然不同的行为。它们在退潮之际沉入海底，避免波浪把它们推向海去；但在潮水回涌时，却逆流而上，于是便被潮水带往盐分较低、更适合它们的成体生活的地区。

其他生物则调整产卵的周期，以免幼虫被潮水带到条件不适宜的水域。居住在潮水区附近会筑管道的一种蠕虫，就以下面这种方法，避免朔望大潮时的强烈潮水运动：每两周逢小潮，在海水运动比较和缓时，释放幼虫入海，幼虫要经历一个短暂的游泳阶段，有很大的机会能够留在海岸最利于生存的区域。

除此之外，还有其他神秘而不可解的潮汐影响。有时，生物产卵的时期和潮汐的起落不谋而合，显示其对压力变化或对静水和流水的不同反应。在百慕大，有种称作石鳖的原始软体动物，在清晨低潮时产卵，当太阳露脸，潮水回涨时，一被水淹没，它们就释出卵。还有一种日本沙蚕只在一年中潮水最强（近十、十一月的朔望大潮）之际产卵，可能是因大幅的潮水运动，而受到某种莫名的扰动。

其他许多动物，分属于海洋生物中互不相关的群体，却根据非常固定的周期产卵。这可能与满月、新月或上下弦月相关，但究竟是因潮水的压力改变，或是因月光的变化，我们则不得而知。例如，干龟群岛有一种海胆，在满月之夜产卵，而且显然唯有那时才产卵。不论造成这结果的刺激为何，这物种的所有个体都产生了响应，同时释出无数的生殖细胞。

在英格兰海岸，有种水螅（外观如植物的动物，产出小小的水母体）总在下弦月时才释出这些水母体。在马萨诸塞州海滨的伍兹霍尔，有一种如蛤般的软体动物避开上弦月，只在望、朔之间大量产卵。在那不勒斯，则有一种沙蚕在上、下弦月之间大举交配，却绝不在新月或满月之际交尾。伍兹霍尔也有一种近缘蠕虫，虽然也经历了上、下弦月和较强的潮汐，但没有这样的关联。

在以上的每个例子里，我们都不能确定这些动物究竟是回应潮水，抑或如潮水本身一样，回应月亮的影响。

在植物方面，情况就不同了。我们一再寻找科学证据，证实了月光对植物生长的确有影响，这已是一种古老而且举世皆然的信念。各种各样的证据证实，硅藻类和其他浮游植物的迅速繁殖，的确和月球的盈亏相关；河水中某些属于浮游植物的藻类，在满月时数量达到巅峰。北卡罗来纳州海岸的一种褐藻，唯有在满月时才释出生殖细胞。在日本及世界其他地区的海藻也有同样的行为。一般把这种反应解释为——不同强度的偏光对原生质的影响。

另外一些观察发现了植物和动物繁殖及生长之间的关联。迅速成熟的幼鲱聚在密集的浮游植物四周，成年鲱鱼却会避开它们。其他各种海洋生物中，其幼虫、卵和产卵期的成年生物，则经常存在于密度高的浮游植物，而非稀疏的小片浮游植物里。有一名日本学者在一些意义重大的实验中发现，他可以用海白菜的提取物引诱牡蛎产卵。同一种海藻能产生影响硅藻生长和繁殖的物质，并且海藻本身也会受到从岩藻大量生长的岩石附近所提取的海水的刺激。

海水受所谓的"外分泌物"（ectocrines，新陈代谢的产物）的影响，最近已经成了科学界探讨的课题。虽然其数据还零零散散，但十分引人关注。我们可望解决几个世纪以来一直萦绕在人们心头的谜，虽然这个课题处在科技先进的模糊边缘。然而，这些在过去被视为理所当然的一切，以及人们以为永无解答的问题，都因这些物质的发现，而使我们有了新的看法。

海洋之中的来来往往，神秘难测，时空皆然——移栖动物的运动；自然更替的奇特现象，同一个地方，某物种大量出现，繁荣发展一段时间后便逐渐绝迹，一种又一种的生物取代它的位置，就像游行队伍中的演员一样经过我们的眼前。

另外还有其他的神秘之处。"赤潮"的现象很早就已经出现，一再地重演，迄今亦然。在这个现象中，微小生物（通常是双鞭毛虫）的大量繁殖，使海水变色，这种现象会带来灾难性的影响，造成鱼类和一些无脊椎动物大量死亡。同时，鱼类亦会发生不寻常的奇特移动，移往或避开某些区域，而造成极端的经济影响。当所谓的"大西洋海水"在英格兰南部海岸泛滥时，普利茅斯渔场的鲱鱼变得丰富起来，某些标志性的浮游生物大量出现，某些无脊椎动物则在潮间区繁荣生长。然而，当海水被英吉利海峡的水取代之后，其间的生物也将经历极大的变化。

在我们探讨海水及其蕴含的一切所扮演的生物学角色这个过程中，也可能会了解这些古老的奥秘，因为如今人们已经很明白，在海洋中，没有任何生物能独存。海水已经改变了，不论是其化学性质或是其影响生命过程的能力，都因某些生物活在其中，产生新的物质，而造成深远的影响。因此，现在与过去以及未来息息相关，而每个生物也摆脱不了周遭环境的影响。

第三章

沿岸风貌

轻柔的海雾模糊了岩石的轮廓，

灰色的海水和薄雾在海面上交融，

如梦似幻的朦胧世界应是万物的世界，

新生命生长其间，

纷纷扰扰。

岩岸的潮水高涨之际，丰沛满溢，几乎要攀上岸边的杨梅和杜松，难免让人以为在海之滨，不论水中、水面或水底，都没有任何生物，因为什么也看不见，只有小群的银鸥偶尔飞掠天际。潮水高涨之时，银鸥栖息在岩架上，避开海浪和飞溅的浪花。它们将黄色的喙收拢在羽毛之下，在瞌睡中度过涨潮的时光。接着，潮水淹没了所有的岩岸生物，然而海鸥知道那儿有什么存在，它们知道海水最后会再度退下，让它们进入潮间的狭长地带。

潮水高涨之际，海滨绝难平静。大浪高跃落在突出的岩石上，蕾丝般的泡沫如瀑布似的落在厚重圆石靠着岸的那端。而潮退时，它便平静下来，因为波浪的后面没有进逼的潮水的推动。潮水回旋不再剧烈，不久，灰色的岩坡上留下一块潮湿的区域。海面上，涌入的波浪也形成漩涡，拍在暗礁上。很快地，高潮曾淹没的岩石浮现在眼前，海水退远，在岩石上留下的潮湿痕迹，闪闪发光。

小小的暗色海螺类在岩石上四处移动，岩石上因为长满极小的绿色植物而滑溜不已。贝类叽叽吱吱、叽叽吱吱，想在大浪回卷之前搜寻食物。

藤壶出现在眼前，就像不再洁白的残雪堆积，覆满了岩石和嵌入石缝中的古老晶石。它们尖锐的角锥散布在空贻贝壳、捕虾笼的浮标和深水海藻的叶柄上，全都混合在潮水的漂浮物中。

随着潮水不知不觉地后退，褐藻成片成片地出现在缓缓起伏的岸边岩石上，更小块如美人鱼细发般丝丝缕缕的绿色海藻，因阳光暴晒而变白、皱缩。

不久前才栖息在高岩礁上的海鸥，郑重其事地沿着岩壁踱步，将喙刺入高悬的海草帘幕下，寻觅螃蟹和海胆的踪影。

低洼处则形成了小池和小沟，海水涓涓奔流，形成迷你瀑布。岩石之间和岩石下的阴暗洞窟反光如镜，映射着避开阳光和海水冲击的娇弱生物之倒影——小海葵奶油色的花冠和海鸡冠珊瑚的粉红触手，由岩质洞顶悬下来。

在更深的岩池的寂静世界里，少了惊涛拍岸的喧闹。螃蟹沿壁横行，忙着用螯触摸、探索、搜寻丁点的食物。岩池是色彩斑斓的花园，镶着嫩绿和赭黄的结壳海绵，如成簇娇嫩春花的淡粉色水螅，泛着铜黄和艳蓝光泽的角叉菜，以及呈现绝美深红的珊瑚藻。

空气中满是低潮的气息，微弱的蠕虫、海螺、水母和螃蟹的气味无处不在，海绵的硫黄气味、岩藻的碘味、在晒干的石头上闪闪发光的雾凇的盐味。我最爱的一条前往岩岸的路径，是穿过常绿森林的崎岖小路，这片森林有着独特的迷人之处。通常，清晨的湖水会引我走入林间小径，晨光朦胧，薄雾由海面飘来。这是幽灵般的森林，因为在生气蓬勃的云杉和香脂树之间，有许多已经死亡的树木；有些依然笔直矗立，有些则朝地面倾斜，有些更倒在林地上。所有的树木，不论生死，都包覆着绿色和银色的地衣外皮。一丛丛的长松萝（又叫老人须）悬挂在枝杈上，一如海雾纠结成团，绿色的林地苔藓和大片柔顺的驯鹿苔覆盖着大地。一片寂静中，就连波浪的声音都减缩为呢喃的回响，森林之声则只是幻音——常绿针叶类在波动的空气中微弱叹息；半倒的树木靠在邻树上发出叽叽嘎嘎的沉重呻吟，树皮摩擦着树皮，枯枝在松鼠的脚下断裂，朝地面跳弹，发出轻微的骚动声响。

最后，小径在幽暗的深林中浮现，浪涛的声响盖过了树林的声浪。海洋空洞的巨响依着韵律,永不止息,拍击岩石,退却又再起。

沿着海岸上下,在海浪、天空和岩石组成的海景画中,林线灰色的轮廓清晰分明。轻柔的海雾模糊了岩石的轮廓,灰色的海水和薄雾在海面上交融,如梦似幻的朦胧世界应是万物的世界,新生命生长其间,纷纷扰扰。

这种新的感受并不只是晨霭造成的幻觉,这的确是一片年轻的海岸。海岸退却,海水涌来,填满山谷,涌上山坡,创造出高低不平的海岸。岩石冒出水面,常绿的森林延伸到岸边的岩石上,这一切,在地球的生命中,都才只是昨天。曾有一度,海岸就像南方古老的陆地,自海洋和风雨创造了沙,形成沙堆、海滩、近海的沙洲和浅滩这数十万年以来,几乎没什么改变。北方平坦的海岸平原也有宽广沙滩围绕。边界之内,是岩坡和山谷交错的景致,山谷上布有溪流,因冰河雕蚀而深陷。山坡由片麻岩和其他不畏侵蚀的结晶岩构成;低地则是由较薄弱的砂岩、页岩和泥灰岩床构成。

接着,景象有了改变。长岛附近,柔韧的地壳因巨大冰川的重压而向下倾斜。如同我们所知的,缅因州东部和新斯科舍地区被压入地下,有些地区甚至伸入海面下1200英尺深。所有北方的沿岸平原全遭淹没,有些较高的地方如今成了近海沙洲,成为新英格兰和加拿大近海的渔场——乔治、布朗、块柔和格兰德班克,几乎没有任何沿岸平原浮在海面上，除了偶尔遗世独立的高坡之外。当今的孟希根岛，在古代必然矗立在沿岸平原之上，是险峻的残留山丘。

在山脊和山谷与海岸交错之处，海水高涌入山坡之间，占据了山谷，极不规则的深凹海岸就始于此地，这是整个缅因州海岸的特色。肯纳贝克河、席普士考河、达马里斯柯塔河和许多其他河流长且窄的河口都深入内陆20英里。这些咸水的河流如今成了海湾，是淹没的曾经的谷地；在"昨日"的地质历史中，青草绿树都曾生长其上。在它们之间，森林满布的多岩山脊，过去的面貌或许和现在并没有什么不同。海面上成串的岛屿斜伸入海中，一个接着一个——这些半淹没的山脊，从前是完整的大陆块。

但在海岸线和大块岩脊平行之处，海岸线平缓下来，几乎没有锯齿状的凹陷。更早几世纪的雨只在花岗石山腰上切割出短短的山谷，因此，在海面上升之际，只创造出一些短而宽的海湾，而非蜿蜒的长海湾。这样的海岸主要出现在新斯科舍，马萨诸塞州的安角地区也可能见得到，那里的耐磨岩石沿着海岸向东弯曲。在这样的海岸，岛屿与海岸线平行出现，而非突兀地朝海面伸去。

正如"地质事件"的发生，这一切全都非常迅速而且突然地发生，没有时间对地形进行逐步的调整；这也是最近才发生的变化，大地和海洋目前的关系，也许就在距今不到一万年前形成的。在地球的年表上，几千年算不了什么，而在这么短的时间内，海浪占不了坚硬岩石的上风。巨大的冰盖已经削除了松散的石头和古老的土壤，因此，海浪并没有在其上刻画出如在峭壁上所刻的深凹痕。

大体说来，这种海岸的崎岖主要是因为山丘本身的高低不平。没有海浪刻画出来的浪蚀岩柱和拱道，以区分较古老的海岸或较光滑的岩石，而在一些特别的地点，亦可看出海浪的作用。沙漠山岛的南岸暴露在猛烈的浪涛之下，海浪已在此蚀刻出阿内蒙洞，现在则凿出雷声洞，高潮呼啸涌入，似乎要穿透这小洞窟的顶部。

有些地方，海水冲蚀着险峻崖壁的底部，崖壁是由大地的压力沿着断层线剪切所造成的。沙漠山岛上的崖壁——斯库纳海角、大海角和水獭角矗立在海面一百英尺以上，若对本区的地质史缺乏了解，很可能会把这样壮丽的结构当成波浪切割的崖壁。

而在布雷顿角岛和纽布伦斯威克的海岸，情况则完全不同，每侧都可看到海洋更进一步蚀刻的例子。在此，海洋接触了石炭纪形成的松软岩石低地，这些海岸无力对抗海浪的冲蚀，造成砂岩和砾岩每年平均被蚀刻五六英寸，有些地方甚至被蚀刻数英尺。浪蚀岩柱、洞穴、裂缝和拱道，是这些海岸常见的特色。

在新英格兰北部岩岸上，处处可见由沙、鹅卵石或圆石形成的小小海滩。这些海滩的起源各不相同，有些来自冰川的残骸，当陆地倾斜，海水涌入之际，冰川的碎屑便覆盖了岩石表面。鹅卵石和圆石往往来自近海更深的海水，它们是由海草的“钩绊”（holdfasts）紧紧纠缠着带到岸边来的。接着，暴风巨浪解除了海草与石头之间的羁绊，把它们抛在岸上。就算没有海草的协助，波浪也会挟带大量的砾石、贝壳碎片，甚至圆石。这些间或含沙或鹅卵石的海滩几乎总是位于内湾避开风浪的海岸，或是位于死胡同形的小海湾，在那里，海浪能让岩屑沉积，却难以带走它们。

在锯齿状的云杉林边线和海浪之间的岩岸上，晨雾隐藏了灯塔、渔船，以及其他一切人类的痕迹。此时，时间感亦已经模糊，不禁使人以为海水上涌，创造这样特别的海岸线才只是昨天的事。然而，居住在潮间带岩石上的生物需要时间，才能取代原本可能与旧海滨接壤的沙滩或泥滩生物，并在此生根。越过新英格兰北岸的同一片海域，淹没了沿岸平原，一直蔓延到坚实的高地才止息。岩栖生物的幼虫随波而来，在洋流中漂浮，盲目觅食的幼虫早已准备移居到任何一处适合生存之地，若没有这样的地点，它们就可能在路上死亡。

虽然没有人记录最早的移居生物，或追踪生物的自然递嬗，但我们可以非常肯定地猜测出占据这些海岸的先驱，以及随后而来的生物形态。海水涌入，必然会带来多种海滨动物幼虫和幼小生物，但唯有能觅得食物的，才能够在新的海岸生存下去。一开始，唯一可以取得的食物是浮游生物，它们随着每次冲刷岸岩的潮水而来。

首批的永久居民必然以这种浮游生物为食，如藤壶和贻贝。它们的需求不多，只求一处可以牢牢依附的稳固之所。在藤壶白色的角锥和贻贝深色的外壳周遭，藻类的孢子可以固着下来，因此，生气蓬勃的绿色薄膜便开始在上方的岩石上蔓延。接着，草食动物可能出现，小群的海螺用锋利的齿舌费力地擦磨岩石，舔尽覆盖其上几乎看不见的微小植物细胞。唯有以浮游生物为食的动物和草食动物都固着定居之后，肉食动物才可能定居生存；而比较起来，肉食的岩荔枝螺、海星，各种蟹类和蠕虫必然是更晚登陆这块岩岸的生物。然而，它们如今已经全都位于此地，为了避开海浪、觅食或躲避天敌，而在潮水所造成的水平地区或是小小的凹洞里过活，甚或在生物的小群落中扎根。

在我步出林间小径之际，浮现在我面前的生命模式具有无隐蔽型海岸的生物特性。由云杉林边缘到大海草的暗丛，陆地生物逐渐转为海洋生物，这或许不如我们想象中那么突然，因为由许多相互交错的小小关联，我们仍可看出两者之间古老的和谐。

地衣生存在海岸上的森林中，辛勤地在岩石上默默耕耘，数百万年皆如此。有些离开森林、越过光裸的岩石，朝潮线而去；有些走得更远，定期承受海水的浸润，让它们在潮间区岩石上发挥神奇的魔力。在潮湿多雾的清晨，面海斜坡上的岩石表面就像铺着一层柔软的绿色皮革，但到中午，阳光炙热，它开始变黑且易碎，那时的岩石仿佛蜕去了一层薄皮。

墙生地衣在含盐的水沫中茁壮生长，橙色的斑纹伸展到悬崖峭壁之上，在圆石朝陆地的那面，也可见到它们的踪迹，每个月只有最高潮时才有潮水至此报到。其他地衣呈灰绿色，扭曲滚转，形成奇特的形状。它们在低矮的岩石上浮出，在黑色多毛的岩石下表面，摩擦岩石上的微小颗粒，释放出酸性分泌物，溶解岩石。其绒毛因吸收水分而胀大，摩擦掉了岩石上的细小颗粒，因此，化岩石为泥土的任务才能持续进行。

在森林边缘下，岩石非白即灰或是浅黄色，视其矿物本质而定。岩石是干燥的，属于大地的，若非有昆虫或其他陆地生物以它为前往海边的路径，它真可算是不毛之地。但就在明显属于海洋的地区上，它显示了奇特的变色现象——黑色的斑纹、碎片或带状，在其上形成色彩强烈的记号。

这块黑色区域一点也看不出生命的痕迹，我们以为它是黑斑，或是岩石毡状的粗糙表面；其实这些是生长茂密的微小植物。构成它的植物种类偶尔包括非常小的地衣，有时候是一或多种绿藻，但大部分情况下是最简单、最古老的植物——蓝绿藻。有些包覆在黏滑的叶鞘下，保护它们不致干燥，使它们能够忍受长期暴露在阳光和空气中。这些植物全都如此微小，如果单株分开，根本无法分辨。它们凝胶状的叶鞘，加上整个地区必须接受拍岸四溅的浪花，使得通往海洋世界的入口如同最光洁的冰面一样滑溜。

海岸这块黑色的区域在单调无生命的外观下，自有其存在的意义，一个暧昧不明、难以捉摸，教人永远热切期盼的意义。只要是在岩石入海处，微型植物就会刻画下黑色的铭文，人们只能明白其中部分的含义，虽然它和潮水与海洋似乎有着某种关联。潮间世界的其他成分可能来去变迁，这暗色的斑点却无所不在。岩藻、藤壶、海螺和贻贝，依据其世界的变化本质，在潮间带出现又消失，微型植物黑色的铭文却总在那里。在缅因州这里见到它们，使我想起它们覆盖了基拉戈的珊瑚缘，散布在圣奥古斯丁软质石灰石的光滑平台上，在博福特的混凝土防波堤上留下足迹。由南非到挪威，由阿留申群岛到澳大利亚。这是海陆交接的痕迹，举世皆然。

暗色薄层下，我开始寻找首先抵达陆地门槛的海洋生物的踪迹。在高层岩石的缝隙和裂口之间，我见到了它们——粗糙滨螺，滨螺属最小的一种。有些滨螺宝宝如此之小，非得用放大镜才能看清。在挤入这些裂缝和洼地的上百只滨螺中，我可以见到尺寸越来越大，最后大到半英寸的成年滨螺。

如果这些海洋生物的习性和一般生物相同，那么我一定会以为，这些幼螺是某个遥远栖地来的滨螺，在海上度过一段时间之后，于幼年期漂流到此地。但粗糙滨螺并不把幼虫释出在海洋上；它们是胎生的生物，每个卵都覆于茧中，在母体内生长。茧的内容物滋养着幼螺，直到它破壳而出，产出母体外。完全包覆着壳的小生物诞生了，约是一粒被精细研磨过的咖啡豆的大小。如此小的生物很容易就被冲到海中，于是它们养成藏身在缝隙和空藤壶壳内的习惯，我经常可以在其中找到大量的滨螺。

然而，在粗糙滨螺生活的区域，海水只有每隔14天在朔望大潮时涌现，而长期的空当之间，唯有波浪拍岸，水花飞溅，才能让它们接触到海水。在岩石因水沫而全湿之际，滨螺可以花大部分时间在岩石上觅食，且通常可以攀至黑色区。在岩石上形成滑溜薄层的微小植物是它们的食物；就和它们同属的所有螺类一样，滨螺食素。它们用有多排尖锐钙质牙齿的特殊器官刮擦岩石，这种名叫"齿舌"（radula）的器官位于咽头底部，是一条持续的长带或片状物。如果把它展开，可达其身体全长的数倍，但它紧紧卷绕，好像手表发条一样。齿舌本身由几丁质构成，这也是组成昆虫翼和龙虾壳的物质。镶嵌在其内的牙齿以数百成列（另一种——普通滨螺，牙齿总数达到3500颗）。牙齿刮擦岩石一定会有磨损，现有的牙齿若有损耗，就会由后面推出新牙。

岩石同样也会有磨损。数十年、几个世纪来，大批的滨螺在岩石上磨刮搜寻食物，产生了明显的磨耗。它们刮擦着岩石表面，颗粒接着颗粒，使得潮池更深。在加利福尼亚的生物学者追踪观察了16年的潮池中，滨螺使池底降低了3/8英寸，和地球上3种主要的蚀耗力量——雨、霜和洪水所造成的损耗相当。

在潮间带的岩石上觅食的滨螺，等待着潮水重返。它们在时光之流中踌躇，等候完成这一阶段的进化，迈向陆地。所有陆栖的蜗牛都源自海洋，它们的祖先在某一时期完成了登陆的转变，而滨螺如今正处于这样的过程中。我们可以由新英格兰海岸3种滨螺的纹路和习性，清楚地见到海洋生物转变为陆栖生物的进化阶段。

光滑滨螺仍然依海为生，只能短暂地暴露在空气里，低潮时得待在湿海草中；普通滨螺居住在偶尔有高潮出现之处，依然把卵产在水中，还未准备过陆地生活；而粗糙滨螺已经切断和海洋的大部分联系，几乎已经成了陆地生物。由于它已经成为胎生动物，不再需要海洋担当繁衍子孙的大任，因此能够在朔望大潮高水位上茁壮成长。它不像其他低潮区的滨螺近亲，它拥有鳃腔，里面充满了血管，作用和肺一样，能够从空气中吸入氧气。其实，持续地浸没在水中反而会使它们丧命，在它目前所处的进化阶段，可以忍受暴露在干燥空气中31天。

一位法国学者发现，海洋的节奏早已深深镌刻在粗糙滨螺的行为模式上，虽然它不再暴露在涨退的潮水之间，但还留有"记忆"。每隔14天，当朔望大潮涌上它所栖息的岩石之际，它最为活跃；但在无水的期间，它却越来越不活泼，身体组织也承受着某种程度的干燥。随着朔望大潮重现，整个循环倒转。若把滨螺带回实验室，那么有很长的一段时间，这些滨螺依然会在行为上反映出海水在其所生活的海岸上的涨落规律。

在这开阔的新英格兰海岸，高潮区最显眼的动物是岩藤壶或致密藤壶，除了最喧嚣的海岸之外，它处处可以生存。此地的岩藻因为海浪的波动而显得非常矮小，无法和藤壶竞争，因此除了如贻贝之类所占据的空间之外，海岸上方全都被藤壶占据了。

在低潮之际，藤壶覆盖的岩石好像由切割雕琢成数百万尖锐小圆锥构成的矿区景色，没有动作，没有生命的征候或痕迹。如石一般的贝壳，宛如贻贝的壳一般，富含钙质，由隐身其内的动物所分泌。每只锥形贝壳都由6片平滑规则的合身甲片围绕成环，4块甲片形成掩盖的门，在潮水退去时，关闭起来保护藤壶免于干燥，或是打开来以便摄食。第一波涌入的潮水掀起涟漪，使得这片岩石区域又有了生命。接着，如果我们站在及脚踝深的水中，仔细观察，就会见到小小的阴影在海水覆盖的岩石下颤动闪烁。在每个锥体之上，可以看见长有羽毛的柱状物有规律地伸出，又缩回到微微张开的大门内；藤壶借着这种有规律的动作扫入随海水回涌而来的硅藻，及其他微小生物。

每个壳中的生物，就像头朝下仰卧的粉红色小虾，牢牢地依附在它无法离开的斗室内。唯有"附肢"露了出来——6对瘦长的细肢，由刚毛联结固定。它们一起运作，形成效率十足的网。

藤壶是属于节肢动物门甲壳纲的生物，甲壳纲的其他动物，如龙虾、螃蟹、沙蚤、丰年虾和水蚤。然而藤壶因为营固着生活的习性，和同类的动物都不相同。它是何时、如何形成这样的习性，一直是动物学之谜。这个在海陆之间过渡的生物，失落在过去的雾霭之中，而类似的生活形态——守株待兔，等待海水带来食物，则出现在另一群甲壳纲端足目的生物中。这些动物中，有些以天然丝或海草纤维织出小小的网或茧，虽然它们可以自由来去，但大部分的时间在网中逗留，并自潮水中掠食。另一种太平洋沿岸的端足目动物，称作列精海鞘的被囊动物，在宿主坚韧透明的身体中挖出空穴。它居于洞中，吸取流过身体四周的海水中的食物。

　　不论藤壶是怎么变成如今的模样，其幼虫阶段都明白地宣告了它甲壳类的起源，虽然早期的动物学者因为它的硬壳，而把它列为贻贝。它的卵在母体壳中发育，不久就孵化为如乳状云般的幼虫，释放入海中。英国动物学者摩尔（Hilary Moore）在研究了马恩岛（半英里多长的海岸）的藤壶之后，估计每年有100亿的藤壶幼虫诞生。岩藤壶的幼虫阶段约为3个月，必须经历多次脱皮蜕变。最先的幼虫是称作"无节幼体"的小小浮游生物，难以和其他甲壳类的幼虫区分。大团的脂肪球不但能提供营养，喂养它，而且得以让它保持在水面上浮游。随着脂肪球的减小，幼虫也开始在较浅的水域游泳。最后它改变了形状，长出1对甲壳、6对泳足和1对附有吸盘的触角。这种"腺介虫"形幼虫长相很像另一群甲壳类——介形虫类的成虫。最后，它们由本能支配，受重力吸引，避开光线，沉入海底，准备蜕变为成虫。

没有人知道在乘风破浪往岸边而去的藤壶幼虫中，有多少能安全抵达，又有多少在追求一片坚硬净土的过程中失败。藤壶幼虫的定栖并非偶然的过程，而是经过一段时间的深思熟虑之后才能进行。曾在实验室中观察过这种过程的生物学者说，这些幼虫在底层"绕行"，可达一小时之久。它们用有黏性的触角顶端拉动自己，并尝试摈弃了许多可能的地点，最后才做出决定。在大自然的环境中，它们会在洋流中漂浮多日，或许曾下沉检视面前的底层，接着又漂向他处。

这种生物幼虫究竟需要什么样的环境条件？也许它在寻找够粗糙，比平滑表面更适合栖息的岩石表面；也许它是厌恶黏滑的微小植物薄层；或者有时候因水螅或大型藻类的排斥而掉头他顾。我们有理由相信，它可能是因为神秘的化学吸引力而被导往现有的藤壶栖处，或探测到成年藤壶释放出的物质，因而追随前往。不论如何，它们突然地做出决定，无怨无悔。藤壶幼虫紧紧地把自己黏附在选定的表面上，组织也经历了完全而彻底的重组，足以和蝴蝶幼虫所经历的蜕变相比拟。接着，由几乎不成形的团块中，出现了甲壳的雏形，塑造了头和附肢，在12小时之内，就形成了完整的圆锥形甲壳，壳板的轮廓也出现了。

在它的石灰质的杯形身体中，藤壶需要面对两大生长问题。身为包覆在硬壳中的甲壳类，这种生物必须按时摆脱刚硬的皮层，以容许身体生长增大。虽然听来困难，但每年夏天，我都亲眼看见它们完成这伟大的成就。几乎每瓶由海滨带回来的海水中都有半透明的白色斑驳物体，如蜘蛛丝般细，就好像小精灵丢弃的衣服。如果在显微镜下观察，每个结构细节都显得十分完整，显示藤壶由旧皮中非常干脆、彻底地褪了出来。在如玻璃纸一般的复制品上，我可以数出附肢的关节，甚至生长在关节底部的刚毛，都似乎毫发无损地滑出旧壳鞘。

第二个问题在于扩大硬角锥体以容纳不断生长的身体。这究竟是如何完成的，没有人知晓，但也许有某种化学分泌物，可以溶解外壳内层，而新的物质被添加在外层。

除非藤壶的生命因天敌而提早结束，否则岩藤壶在中低潮区可以生存约3年，在高潮区的寿命则可达5年。岩石能吸收夏阳的热度，因此它能耐高温，冬日的酷寒本身并无严重影响，但不断碾磨的冰可能把岩石刮得一干二净。海浪拍岸原本是藤壶生活的一部分，因此，海洋也不是它的敌人。

当藤壶的生命因为鱼、肉食虫类、海螺或由于天然因素而终结时，其壳仍然依附在岩石上，成为许多微小海滨生物的庇护所。除了定期生活其间的海螺幼虫之外，小小的潮池昆虫若遭逢上涨的潮水，也经常急匆匆地躲入这些庇护所里。在海滨的更低处，或是在潮池中，空壳内很可能会有海葵、多毛类管虫，甚至新一代的藤壶出现。

藤壶在海滨的主要天敌是色彩缤纷的肉食海螺——岩荔枝螺。虽然它们偶尔也摄食贻贝，甚或滨螺，但似乎更喜爱藤壶，也许是因为藤壶比较容易食用。岩荔枝螺就像其他所有的螺类一样，拥有齿舌，但它并不像滨螺，以之刮磨岩石，而是在猎物的硬壳上钻洞，接着将自己推进它所钻的洞内，到达内部的柔软部位，并把猎物吞食殆尽。然而，岩荔枝螺要吞食藤壶，不但得用肉质足包裹圆锥体，而且为了迫使其壳开启，它也产生可能有麻醉效果的分泌物，这是一种称作红紫素的物质。古时候地中海有一种同族海螺分泌的物质，是泰尔紫（Tyrian purple）染料的来源。其色素是溴的有机混合物，在空气中变成紫色物质。

虽然大浪会阻绝岩荔枝螺，但在大多数开阔的海滨，都可以看到它们成群结队的足迹，高高攀上藤壶和贻贝所在的区域。它们贪婪的摄食习性，可能改变海滨生物的平衡。例如，有报道说，某地区的岩荔枝螺已经使藤壶的数量大幅减少，于是贻贝涌入填补空隙。岩荔枝螺找不到藤壶之后，就改食贻贝。起先它们笨手笨脚的，不知该怎么处理这种新食物。有些花了好几天的时间，在空壳上钻孔，结果只是徒劳；其他则爬入空壳中，由内朝外钻探。不过它们最后还是能够适应新猎物，食用了大量的贻贝，使得贻贝的聚落也开始缩减，接着藤壶在岩石上再生，最后岩荔枝螺还会重新以它们为食。

在海岸的中段，甚至在低潮线上，岩荔枝螺居住在由岩壁上垂挂下来的海草帘幕下，或是在长满角叉菜的草地上，或是滑溜的掌状红皮藻的叶上。它们或紧附在悬垂岩架内侧，或聚集在深缝中，盐水从海草和贻贝上滴下，还有涓涓细流。在所有这些地方，岩荔枝螺双双对对聚集交配，并且把卵产在淡黄色的容器中，每个卵都有麦子一般的大小和形状，如羊皮纸般坚韧。每颗卵囊都单独存在，以自己的根部附着在海岸底部，但通常它们都紧紧群聚在一起，形成了拼嵌的图案花样。

一个岩荔枝螺大约要花一小时的时间，才能产生一颗卵囊，但24小时之内，大部分最多只能生产10颗卵囊，一季可以生产245颗卵囊。虽然一颗卵囊最多可以容纳1000个卵，但大部分是未受精的保育卵，作为胚胎发育的食物。在成熟时，卵囊变成紫色，被成年岩荔枝螺分泌的红紫素相同的化学物质染色。约4个月，生命就形成了，由卵囊中冒出15～20个小岩荔枝螺。

新孵出的幼体很少出现在成年岩荔枝螺生活的地区，虽然卵囊附着在那里，而胚胎也在该地发展。显然，波浪把小岩荔枝螺带到低潮区，甚至更低处，虽然有许多会被冲到海中而损失，但残存者仍会在低潮带出现。它们非常微小，高约1/16英寸，食用多毛虫属的螺旋虫为生。显然，这些虫的管壁比非常微小的藤壶更容易穿透，岩荔枝螺生长到1/4或3/8英寸长时，才向海滨更高处移居，并改以藤壶为食。

在海岸中段，大量笠贝栖于此处。它们四散在开阔的岩石表面，但大部分则聚居于浅潮池中。笠贝戴着形状简单的圆锥壳，只有指甲大小，不显眼地饰着淡棕、灰和蓝色的斑纹。这是腹足纲中最古老、最原始的一种生物，然而这种原始和简单具有欺骗性，笠贝非常完美地适应了难以生存的海岸世界。我们原以为腹足纲动物应有盘卷的壳，但笠贝只有扁平的圆锥体，拥有盘卷外壳的滨螺经常被海浪推着转，除非它们能安全地隐身缝隙或海草中。笠贝只要把自己的圆锥角压入岩石之中，水就会滑过倾斜的轮廓，而不会把它们冲走；浪越大，它们越紧密地依附岩石。大部分的腹足纲动物都有壳盖，以躲避天敌，并保持湿润；笠贝只在幼体期有这样的构造，后来却将之抛弃。其甲壳紧密依附着岩石底部，因此根本不需要壳盖，水分保存在绕着壳内边缘的小沟槽中，鳃则浸浴在它们自己的小海洋里，直到潮水重返。

自亚里士多德的报告说"笠贝离开岩石上的栖处，出外觅食"以来，人们就开始记录它们的自然史。人们经常讨论它们自行找路回巢的本领，每只笠贝都有自己的"巢穴"（它们最终总会回去的地点）。

它们可能在某些种类的岩石上，留下一块可以辨识的痕迹，可能是变色，也可能是洼陷，与其贝壳轮廓匹配得天衣无缝。笠贝趁着高潮离家，四处觅食，运用齿舌的舔舐动作，在岩石上刮食小海藻。进食一两个小时之后，它通过大略相同的路径返回，固定下来，等待低潮时期过去。

许多十九世纪的生物学者都想要借实验了解笠贝的方向感，以及这种感觉究竟属于哪个器官，就像现代学者想要找出鸟类归巢能力的物理基础一样。这些研究大部分都是针对英国常见的笠贝——笠螺。虽然没有人能解释归巢的本能如何起作用，但人人都相信这种天生的本能的确有用，而且精确无比。

最近几年，美国学者运用统计法研究此现象，有些学者发现，其实太平洋岸的笠贝"归巢"的能力并不强（还未对新英格兰的笠贝做这方面的研究）。然而，加利福尼亚最近的研究则支持"笠贝归巢"的理论。

希瓦特（W.G. Hewatt）博士在大批笠贝和它们的巢穴上画了确认的标记，他发现，每当高潮，所有的笠贝全都离巢，游荡两个半小时，然后返回。它们游历的方向随着每次的潮汐而改变，但总能回到巢穴里。希瓦特试图在一个笠贝回巢的路径上标出深槽，结果笠贝在凹槽边缘停住，花了点时间处理这个困境，但在下一次潮涌之时，它却沿着凹槽边缘移动，终于返家。另一只笠贝被希瓦特移到离巢9英寸之处，并且用锉刀把它的壳缘锉平，接着放它自由。最终它也回到了家。但可能因为壳和岩石上的巢穴原本完美无缺的吻合已经遭锉平摧毁，因此第2天笠贝就移了21英寸，再也没有回来；第4天，它搬了个新家；第11天，它消失不见了。

笠贝和其他海滨生物的关系非常简单，它主要是以覆盖在岩石上形成滑溜薄层的微小海藻，或较大海藻的皮质细胞为食。不论是以哪一种食物为生，齿舌都非常有用。笠贝"辛勤"地磨擦岩石，我们可以在它的胃中发现细粒子，齿舌因经常使用而磨损，由后面推出的新牙取代。对于在水中准备安定下来成为芽苞，接着成为植物的大群浮游藻类孢子而言，笠贝可说是它们的敌人；因为笠贝大量聚集，把岩石铲得一干二净。然而，也正因如此，它们反而为藤壶提供了服务，使它们的幼虫更容易依附在岩石上。的确，在笠贝的巢穴向外辐射的路径上，有时候也散布着幼年藤壶星状的壳。

人们也无法观察到这种外观简单的小腹足纲生物在生殖习性上的特点。然而，很显然地，雌性笠贝并不像其他海螺一样会为它的卵制造保护壳，而是直接把它们送入海中。这是个原始的习惯，许多较简单的海洋生物都有这样的习惯。至于卵究竟是在母体内受精，抑或是漂浮在海洋中受精？还不得而知。幼虫在海洋表层水域中漂浮或游泳一段时间，如果生存下来，就会定居在岩石表面，蜕变为成虫。也许所有的笠贝幼虫都是雄性，之后则变性为雌性（这种状况在软体动物中，稀松平常）。

就像这段海岸的动物生命一样，海藻也静静地述说着大浪的故事。由岬到海湾到内湾，岩藻可能长到7英尺长，在这开阔的海岸，长到7英寸的植物就已经算是高大的了。在缓慢而发育不全的生长中，侵入岩石上层的海藻的生活揭露出波浪重重拍击下的环境的艰困，在中低层区域，有些强健的海藻能大量地群聚生长。这些海藻和较平静岸边的海藻大不相同，这使得它们成为波涛汹涌的海岸的象征。

在好几个不同的地区，斜向海面的岩石上因海藻的存在闪着光，是由一种奇特的海藻——紫菜个体所组成，其属名"Porphyra"即"紫色染料"。它属于红藻，虽有各种颜色的变异，但在缅因州海岸总是紫褐色。它非常像由雨衣上割下的小片褐色透明塑料，薄叶很像海白菜，但有双层的组织，好像孩子的气球破裂之后，两面黏在一起。在"气球"的茎部，紫菜由纤维交织形成的绳索紧紧地依附在石头上，因此有特别的名字，称作"umbilicalis"（脐形紫菜）。偶尔它会依附在藤壶上，但通常都会直接依附在坚硬的表面，而很少长在其他海藻上。如果紫菜在潮退时暴晒于骄阳下，就可能会干燥成如纸一般易碎的层状物，但海潮一涌回，就能使它恢复弹性。虽然这种植物看起来娇弱不堪，在海浪的推拉下却不受损害。

在低潮区，还有另一种奇特的海藻——黏膜藻，又称海地瓜。其形状大体呈球形，表面有缝，卷入裂片，形成色如琥珀的多肉块茎，大小互异，最大直径可达一两英寸。它通常长在苔藓或其他海草的长叶附近，很少会直接依附在岩石上。

低层的岩石和浅潮池的壁上长了一层厚厚的海藻。在这里，红色的海藻取代了生长在更高处的褐色海藻，和角叉菜一起沿着潮池壁生长的是掌状红皮藻，其窄而纯的红色叶片参差不齐，朝内深陷，因此形成了手的雏形。小小的叶片偶尔会依附在岩石边缘，露出破破烂烂的奇特外观。海水退去，掌状红皮藻铺在岩石上，如纸般薄，一层覆着一层，许多小海星、海胆和软体动物在掌状红皮藻里生活，也生存在较深层的角叉菜里。

长久以来，掌状红皮藻对人类就有很大的用处，不但供人类，也供家畜食用。根据一本古老的海藻书籍记载，苏格兰从前有这样的说法："食用掌状红皮藻，饮用喀丁吉（Kildingie）井水，除了黑死病之外，百病不侵。"在英国，牛喜爱这种海藻，羊也会在低潮时步下潮水区，寻觅它的踪影。苏格兰、爱尔兰和冰岛人食用这种红藻的方法各不相同，有时候把它晒干，当烟草来嚼食。就连在通常不重视这种食物的美国，某些沿海城市也能买到新鲜或干的掌状红皮藻。

在非常浅的潮池中，昆布属植物开始浮现，它们的叫法有昆布、海带和海草。它们属于褐藻，繁茂地生长在深海域和极地海域的幽暗处。马尾藻和这一类的其他植物一起在潮间带下生长，但在深池之中，它也越过边界，在低潮线之上生长。其宽、平如皮革般的藻体绽开为长缎带，表面光滑如缎，色彩是深浓而发亮的褐色。

深水洼里的水冷如冰，里面填满了暗色且摇摆的植物。探入这样的池中，就如观看黑森林一般，其叶丛如棕榈树叶，大海藻的厚茎也如棕榈干一样，非常奇特。如果以手指沿着这样的茎滑摸下去，可以在固着器之上将植株连根拔起，在其下找到完整的微观世界。

在这些昆布的固着器中，有一种很像森林树木的根部，分叉出去，分枝再分枝，在它复杂的构造中，可以看到呼啸涌来的海浪对这株植物的影响。

这里，紧紧依附的是如贻贝和海鞘之类过滤浮游生物为食的掠食者，小小的海星和海胆则挤在植物组织拱起的圆柱之下，在夜间饥饿觅食的肉食虫类，随着阳光回到此地，盘卷纠结在深洼和阴暗潮湿的洞穴中。如垫子般的海绵伸展在固着器上，默默地过滤池水，永不停歇。

一天，一只苔藓虫幼虫在此安居，建造了自己小小的壳，接着造了一个又一个，直到一片霜白薄膜飘在海草的小根附近。

在这忙碌的群落之上，海带褐色的缎带伸入水中，过着自己的生活。它成长伸展，尽其所能修补破裂的组织，依照时令送出成群的生殖细胞入水。至于固着器处的动物，只有海带存在，它们才能存活。海带若能稳稳直立，它们就能自成小天地；如果暴风雨掀起巨浪，撕裂了它，那么所有的生命都会四散，许多动物会随之毁灭。

栖息在潮池大海藻固着器下的动物，以海蛇尾最为常见。这些脆弱的棘皮动物英文名为"brittle star"（易碎的星），可说是名副其实，因为最轻柔的触摸都可能使它们折断一或多条腕。在汹涌澎湃的浪潮世界里，这样的反应非常有用，如果有一条腕被滚转的岩石压住，那么海蛇尾就可以自行"断臂"，长出新腕。海蛇尾移动迅速，它们不只是在运动时运用那些伸缩自如的腕，也用它们捕捉小虫和其他微小的海洋生物，送入口内。

海鳞虫也属于这海草固着器群落的一员，它们的身体由两排鳞甲保护，在背面形成"防御装备"。在这些大鳞甲下的，是普通的环节生物，每个环节上都有成簇侧生的金色刚毛突出；其原始的鳞甲，教人想起毫不相关的石鳖。它们有时会和其邻居发展出十分有趣的关系，一种英国的海鳞虫总和掘洞藏身的生物共同生活，虽然它可能时时改变对象。幼年时期，它和掘洞隐身的海蛇尾一起生活，这可能是为了要偷取它的食物；长大之后，它移居到海参或是较大、有毛的须头虫的洞穴中。

海藻的固着器处经常紧困着大的偏顶蛤。这种贝类有厚重的壳，长度可能达四五英寸。它只生存在深池或更远的近海海面中，在较小的紫贻贝存在的高区，倒是从未发现它的踪迹。它只在岩石上或岩壁中出现，它在那里能依附得更紧。有时它会建造小巢或小穴作为避居之处，以坚韧的足丝纤维编织成贻贝典型的巢穴，纤维中缠绕着鹅卵石和贝壳碎片为垫底。

在昆布固着器处常见一种叫作"凿孔贝"的小蛤，有些英国作家因它的红色虹吸管而以"红鼻子"命之。通常它以钻孔求生，生活在石灰岩、泥土或混凝土所凿出的洞中。然而，大部分的新英格兰岩石都太过坚硬而难以钻凿，因此在这里，这种蛤居住在珊瑚藻的甲壳内，或是海草固着器处。在英国海岸，它在机器难以钻凿的岩石上钻出孔洞，而且并非依赖某些钻孔生物所用的化学分泌物，而是靠坚硬的壳机械式地不断重复摩擦。

大海藻平滑的藻体也养育了其他生物，虽然不如固着器处的生物那么丰富多样。在扁平的昆布叶片、岩石表面，以及礁岩下方，史氏菊海鞘、菊海鞘铺上了金光闪闪的垫子。在一片暗绿色的胶状物质上，洒满了金色的小星星，标示出成丛的被囊生物的个体位置。每个星状群体都可能由三至十来个个体构成，由中央向外辐射，许多丛集组成了这个持续不断包覆着表层的席垫，有的可达6~8英寸长。

在美丽的表面之下，其结构和功能十分复杂。每颗星星之上都有极其微小的水流扰动——小小的潮流灌注下来，星星的每角都有一股潮流由小小的开口涌入；另一股较大而朝外的潮流则由丛集中央涌出。涌入的潮流带来了食物和氧气，而涌出的潮流则带走了这一群体产生的新陈代谢废物。

乍一看，菊海鞘的聚落似乎和覆在海底的海绵垫一样简单。其实，每个组成聚落的个体都是组织完整的生物，结构几乎如大量聚生在码头和防波堤上的乳突皮海鞘和玻璃海鞘一样，然而，菊海鞘个体只有1/16～1/8英寸长。

一个由数百个星状群体所构成的聚落（有些可能有1000个以上的个体），可能全都来自单一的受精卵。在母体聚落处，卵子于初夏成形、受精，并开始发育，不过依然停留在母体组织上（菊花海鞘的每个个体既产生精子又产生卵子，但因二者在不同的时候成熟，因此能确保交叉受精。精子被释入海水中，并随着海水被一起吸入）。

不久，母体释出微小的幼虫，外形如蝌蚪一般，有会摆动游泳的长尾巴。幼虫浮游一两个小时，接着在某个岩架或海草上固定下来，紧紧依附。不久，其尾部组织就被吸收，游泳的能力也随之丧失。2 天之内，心脏以奇特的被囊类动物的韵律开始跳动（首先驱使血流朝一个方向流动，停顿一下，接着倒转血流的方向）。

约 14 天之后，这个小小的个体已经完成身体组织的形成，开始冒出其他个体的芽体，这些芽体又迸出更多的芽体。每个新生命都有单独的开口，以便海水涌入，但全都和中央出口保持联系，以排出废物。当群聚在共同出口的个体太过拥挤时，新形成的一或多个芽体就被推出，落入包围的胶质组织垫上，它们在此开始形成新的星形群丛，新的聚落便展开了。

昆布属植物——孔叶褐藻有时会侵入潮间带。这是在北极区冷水域中繁茂的褐藻代表，分布自格陵兰远及科德角。其外观和角叉菜及马尾藻截然不同，虽然有时候会随它们一起出现。其宽叶上刺有无数的小孔，在幼年植物上就已经有锥状突起出现，稍后突起挣脱、破裂，形成小孔。

在最低潮池的边缘，有一种在英国被称为"默藻"的昆布属海藻——"翅藻"，生长在陡急斜向深水的岩壁上。其褶皱飘逸的长叶随着潮水涨退而起伏，生殖细胞所在的成熟羽片，生长在叶子的基部，因为在这种暴露于大浪的植物中，这个位置比主叶顶点安全（生长在海岸处，较少受到巨浪冲击的岩藻上，生殖细胞生在叶片顶端）。

翅藻比任何海草都适应海浪的冲击，站在安全立足点的最外侧，可以看见深色的带子流入海洋，遭海水拖拉滚摆的冲击。植株长得越大越老，磨损就越厉害，也越枯萎，叶片的边缘分裂，主脉的顶端也被磨掉了，这种植物却因此保住部分固着器的完好。叶柄虽然可以承受相当大的拉力，但强烈的风暴会扯下许多植株。

在更远处，我们偶尔可以在某些地点瞥见幽暗神秘的海草森林，它们在此沉入深水。有时候这些巨大的海草会在暴风雨之后被抛上海岸，它们有坚硬而强健的叶柄，叶片的长带由此伸展。海带"糖昆布"叶柄长达四英尺，支撑着相较之下显得较窄的叶片（6~18英寸宽），可以向上向外伸入海中30英尺长。其边缘有极明显的褶皱，干燥的叶片上有白色的粉状物质（甘露醇，一种糖）。长股褐藻的茎可和小株的茎秆相比拟，长达6~12英尺，叶片宽达3英尺、长20英尺，但有时候可能比叶柄短。

糖昆布和长股褐藻所在之地，成为可与太平洋浩大海底丛林相比拟的大西洋海中丛林。在太平洋，海草就像巨大的森林树木一样生长，由海床伸展150英尺，冒出海面。

在所有的岩岸，这种正在浅水域下的海带区一直是海洋中最罕为人知的区域。我们对终年生长在这里的生物所知甚少，我们不知道，有些冬天在潮间带消失的生物是否只是向下移居到此区。也许某些我们以为已经在某个特定地区消失的种类，或许因为温度的变化，已经向下移居到昆布林之内。这一区显然很难探索，因为它总是处在惊涛骇浪之中。

然而，在苏格兰西岸的这种地区，由英国生物学者基钦（J. A. Kitching）率领全副武装的潜水员探查研究。在翅藻和马尾藻所占据的区域下，浅水域下2英寻（1英寻约等于1.83米）及更深处，潜水员潜入浓密的昆布丛林，叶片由直立的叶柄支撑，在顶上形成一望无际的华盖，虽然有耀眼的阳光映照在水面上，但在这丛林中向前推进的潜水员，眼前总是一片黑暗。

在朔望大潮浅水区下3~6英寻处，丛林变得开阔，人们可以毫无困难地在植物中行走。这里光线较强，越过如雾般的水，我们可以看到这个较开阔的"林园"伸得更远，直朝向倾斜的海床。就像在陆地上森林的树根和树干之间一样，在昆布的固着器和叶柄之中，也有浓密的矮树丛，是由各种红藻形成的。而一如小啮齿类和其他生物在森林树丛中掘穴做窝、挖掘通道逃生，在大丛海草的固着器之中，也有丰富多样的生命。

在没有开阔海浪威胁的安静海滨，岸上海草茂密，占据了潮水涨退所容许的每寸空间。而它们丰茂繁荣地生长，也迫使其他的海滨生物必须适应它们的生活模式。

虽然不论海岸是开阔的还是隐蔽的，都可看到同样的生物带的延伸，但在这两种海岸上，它们的发展有极大的差异。

高潮线之上少有变化，在海湾和入海口的岸边，一如其他地方，微小的植物覆盖了岩石，地衣向下蔓延，试图接近海洋。在朔望大潮高水位之下，可以见到先驱——藤壶偶尔留下的白色斑纹，显示它们占据了这块开阔海岸，几只滨螺在上方的岩石上觅食。但在隐蔽的海岸，由上下弦月的潮水所标示的海岸，却被款摆的水下森林占据，它们对潮水和洋流的动作非常敏感。组成森林的树木就是褐藻或岩藻这种外形坚韧，质地却有弹性的大型海藻。在这里，所有的生物都各自隐藏在掩蔽处。这个庇护所热忱相迎，容纳了所有需要保护的小生物，避开炙人的热气、雨水和浪潮的拍击，因而这类海岸的生物异常丰富。

高潮覆盖之际，岩藻挺直矗立，因海洋灌注的生命力而摇摆升起。涨潮时，它们存在的唯一标志可能是近海水域遍布的深色斑块，海草的顶端在此浮上水面。在这些漂浮的顶端之下，小鱼在海草间悠游，就像鸟儿飞过森林。海蜗牛沿着叶片攀爬，螃蟹亦沿着款摆的植物攀爬，由一根枝杈到另一根枝杈。

这是个迷人的森林，就像刘易斯·卡罗尔（Lewis Carroll，《爱丽丝漫游仙境》的作者）所描述的那般疯狂；有哪一种规规矩矩的丛林会每24小时就有两次下坠，平伏数小时，接着又再度向上升起？而这正是岩藻丛林的状况。潮水由倾斜的岩石上退却，脱离了潮池具体而微的海洋，岩藻就平伏在水平的表面，湿软的叶片一层叠一层，充满了弹性。它们自险峭的岩石表面垂下，形成厚厚的帘幕，保留了海洋的湿润。在它们的掩蔽之下，没有任何生物会变得干燥。

白昼，阳光穿透岩藻丛林，到达底部，阴影斑驳，金光闪烁；夜晚，月光在森林上方张起银色的顶篷，因流动的潮水而斑斑驳驳，其下是深色的海藻叶片，在波动的世界中，随着阴影摇曳生姿。

在这片海中丛林里，时光的流动是由潮汐的韵律而非光影的变化来标示的，生物的生命也由水的存在与否而决定；世界的变化不取决于日落黎明，而源于潮水的涨落。

潮水退去，海藻的顶端因缺乏支撑而水平地漂浮在水面上。接着暗影逐渐变深，阴郁布满丛林底部，越显深沉，其上的水层越来越浅，逐渐干涸。虽然海草仍扰动不已，依然随着每次潮水的涨落而悸动，但越来越接近岩床，最后平伏其上，所有的生命迹象和动作都暂时止歇。

白天，平静的休止时光笼罩着陆地丛林，捕猎者回到洞窟中，弱小而缓慢的生物也为了躲避日光而隐藏着。同样地，在海滨，潮水退却后，随之而来的是宁静的等待。

藤壶卷起它们的网，合上那两扇门，隔绝了干燥的空气，把海洋的湿润保存在里面。贻贝和蛤缩回它们的摄食管或水管，合上甲壳。处处可见上一次高潮时入侵水中丛林，现在却来不及退却的海星，依然以弯曲的腕紧抱着贻贝，数十支顶端附有吸盘的窄细管足，紧紧地握着壳介。一些被推到水平海藻叶片下面的螃蟹，就像人们举步维艰地穿过被暴风雨连根拔起的树木区一般，忙着挖掘小小的斜坑，好让埋在泥中的蛤贝出土。接着它们紧紧地以步足顶端抱住蛤贝，以大螯夹碎壳片。

一些猎食动物和清道夫由沙滩下行抵此。覆着灰色外壳的潮池昆虫（亚跳虫），由上方海滨漫游到此地，在岩床上疾走，壳口大张，猎食贻贝、死鱼，或海鸥吃剩的螃蟹碎屑。乌鸦在海藻四周走动，一丛又一丛地搜拣，直到找到埋藏在海藻里或紧紧附在湿润海藻岩石上的滨螺。于是，乌鸦用强壮的脚趾抓住螺壳，再灵巧地以喙夹出螺肉。

潮水回涨的脉动起先轻轻地搏击。6个小时之内，潮水会上涨到高水位，开头速度很缓慢，在2个小时里，只覆盖了1/4的潮间带。接着潮水加快上涨的速度，接下来的2个小时，潮水更加强劲，水位上升的速度也增为第一阶段的2倍。最后，潮水又减缓步伐，从容地涌上上层海岸。

覆盖着中段海岸的岩藻比起上层的裸岸来，承受了更大的海浪冲击力，但由于它们有极大的缓冲效果，因而依附着它们的动物，或在它们之下岩床上栖息的生物，受到的海浪冲击远比上层岩石区的生物小得多，也比在浪潮迅速冲过中层海岸、击碎回流海水之处的生物所经受的沉重冲击更缓和。

黑夜让陆地上的丛林重生，而岩藻丛林的暗夜则是在浪潮涌来之时。海水由大丛海藻之下涌入，打破了低潮时期的静寂，惊扰了丛林中的所有生物。

　　海水由开阔的海面涌入水中丛林的底部，阴影再度在象牙白的藤壶角锥体上闪烁不定，几乎看不见的网也随之伸出，收集潮水带来的生物。蛤与贻贝的壳再一次微微开启，小小的漩涡向内牵引，把所有能作为食物的海洋植物全都引入贝类复杂的过滤系统中。

　　沙蚕由泥中冒出，游向另一个猎食场，抵达之前，必须避开随潮水而来的鱼，因为在涨潮之际，岩藻丛林和海洋及其中的饥饿掠食动物都混为一体了。

　　虾在丛林的空旷处闪进闪出。它们以小甲壳类、小鱼宝宝或小环节虫为食，但鱼儿也以它们为食。海星由海岸较下方的角叉菜大草坪上浮起，寻找生长在丛林下的贻贝。

　　乌鸦和海鸥被逐出沙滩。小小的灰色昆虫好像穿着天鹅绒般的外衣，在海岸上方行走，它们也可能找到安全的缝隙，把自己包裹在闪亮的空气毯子中，等待潮退。

　　创造这片潮间丛林的岩藻，是地球上最古老植物的后代。它们和海岸低处的巨型海草一样，属于褐藻类。这种植物的叶绿素遭其他色素覆盖，其希腊名字——"Phaeophyceae"，即"幽暗或虚幻如影的植物"。根据某些理论指出，早在地球依然由厚重云层包围，仅有微弱阳光穿透之际，褐藻就已经存在。甚至到今天，褐色的海藻依然是幽暗朦胧地区——海洋深处的斜坡上的植物，大海藻在此形成了阴暗幽深的丛林，而褐藻由阴暗的岩架处伸出长带，在潮水中飘扬。生长于高低潮线间的褐藻，在经常有云雾笼罩的北部海岸也有同样的动作。即使它们偶尔侵入阳光普照的热带，也会有极深的水层保护。

褐藻可能是第一批移居海岸的海中植物。它们学会了在古代的海岸上适应惊涛骇浪、涨退起伏；它们尽量接近岸上，却不真正离开海滨潮水区。

欧洲海岸的沟角叉菜是现代褐藻的一种，存活于潮间地带最高处。在有些地方，它和海洋的唯一接触是偶尔因水花飞溅而浸湿。阳光下、空气中，它的叶片变黑而卷曲起皱，让人以为它已经死亡，但海水一涌回，其色泽和结构也就重新恢复正常。

美国大西洋岸并无此种沟角叉菜生长，但有一种类似的植物——螺旋墨角藻，它们同样地尽量远离海洋。这种海草高度不高，短而强健的藻体末端是膨大而粗糙的凸起，它生长最密集的地方是小潮的高水位标记之上。因此在所有的褐藻中，它最接近陆地，或最接近暴露岩礁的水线。虽然它3/4的生命都是在水上度过，却是真正的海藻，它在海岸上方泼洒的橙棕色彩，标志着大海的门槛。

然而，这些植物只在潮间带森林的偏远边缘，而潮间丛林也几乎只有另外两种褐藻——泡叶菜和墨角藻。这两者都是海浪力量的敏感指标。泡叶藻唯有在远离巨浪的海岸才能大量生长，它们也是这种地区独一无二的海藻。由海岬开始，在海湾和潮水涨落能及于上游的河流，由于远离开阔的海面，波浪的冲击和缓下来，泡叶藻可以长得比人还高，虽然其叶片细如稻草。隐蔽性海岸的海水悠长的起伏对它伸缩自如的带状叶，并不会有太大的压力，其主茎或叶上的肿胀或小囊，包容了植物排出的氧气及其他气体，在海草被浪潮淹没之时，可作为浮标用。墨角藻的张力较大，因此可以忍受大浪剧烈地拖拉。虽然它比泡叶藻短得多，但也需要气囊的帮助，才能在水中浮起。这种藻类的气囊成对生长，强韧主脉两侧各有一个。但在植物受大浪拍击之处，或是它们在潮区较低处生长时，气囊可能发育不良。有些季节，这种海藻的枝干末端膨大为球根状，几乎形成心形的结构；生殖细胞就由此释出。

海藻没有根，而以扁平如盘状的膨大组织紧抓岩石。每根海藻的底部仿佛都略微融化，在岩石上伸展，接着凝结起来，因而创造了非常稳固的结合，唯有极猛烈的惊涛骇浪，或海岸冰封的挤压碾磨，才能扯断。海藻不像陆生植物，需要根部从土壤吸取矿物质，它们几乎持续地浸泡在海水中，因此可说是已生活在包含它们所需要的一切矿物质的溶液中。它们也不像陆地植物一样，需要挺直的茎或树干的支撑，以向上伸展，争取阳光。它们只需随海水起伏摇摆，因此结构很简单——由固着器处冒出的叶状体，不需要区分为根、茎、叶。

看着低潮中倒伏的岩藻森林，一层层如毛毯般覆盖着海岸，教人以为植物一定覆满所有的空间，由每寸可及的岩石表面冒出头来。事实上，随着潮水上涨而生机盎然的海中丛林其实非常开阔，处处可见空地存在。在缅因州海滨，潮水在非常宽广的潮间岩石区起落，泡叶藻在小潮的高低水域之间伸展其暗色的毡毯，每株植物的固着器周边的开阔岩石区，直径有时可达一英尺。在这样的空地中，植物伸展出来，其藻体一再地分叉，直到上部的分枝伸展到数英尺之外。

在远远的下方，随着波涛摆动的藻体基部，岩石沾染着鲜艳的色调，因海中植物的活动，涂上了绯红、翠绿。微小的植物虽然成千上万丛聚在一起，依然只是岩石的一部分，更加揭露了其内部宝石般的缤纷色调。绿色的斑纹是绿藻成长的痕迹，单株极其渺小，唯有用高倍数的镜片，才能辨识其种类——它们消失在大片葱绿的斑点中，如一叶青草消失在苍翠繁茂的草坪内。一片碧绿之中，出现了浓烈闪耀的红色斑纹。同样地，其植株亦难以和矿物形成的底部分辨。这是一种红色海藻的杰作，它会分泌出石灰质，形成薄薄的壳，紧紧依附在岩石上。

衬着耀眼的背景色泽，藤壶显得更突出。在流过海藻丛林如液态玻璃一般清澄的水中，它们的触手内外摇摆不已——伸展、抓握、回缩，由涌入的潮水中，探取我们眼睛察觉不到的微小生命原子。在被海浪磨圆的小鹅卵石底部，贻贝如锚一般平躺着，用自己的组织织出闪亮的丝线，成对的蓝壳微微张开，露出边缘有沟槽的淡棕色组织。

海藻丛林的某些部分就没有这么开敞了，在这样的地区，成丛的岩藻由短短的草皮或由角叉菜扁平叶片组成的矮树丛中冒出，有时还穿插另一种植物的深色席垫，纹理如土耳其的毛巾布料。就像热带丛林中的兰花一样，这个海洋丛林也有类似的气生植物——成丛的红色海草附生植物——"多管藻"，生长在泡叶藻上。它似乎已经丧失了直接依附在岩石上的能力（或许它打从一开始，就没有这种能力），因此其分枝细小的暗红球状藻体便紧附在海藻上，借此漂入水中。

在岩石间，在松动的圆石下，有一片既非沙又非土的地区成形，是由海水打磨海洋生物遗体的痕迹——软体动物的贝壳、海胆的尖刺、螺的厣板，点点滴滴组合而成。蛤住在这块柔软物质构成的小洞中，向下挖掘，直到埋入其下，只露出虹吸管的顶端。在蛤周围的软土中处处是如线缕一般细、色泽深红的纽虫，它们是搜寻小环节虫及其他虫类的小小猎人。

在这里也可见到沙蚕的踪迹，它们因为优雅和如珍珠般不断变换光泽的美，而以海精灵的拉丁文为名。沙蚕是活泼积极的猎食动物，在夜晚时分离开洞穴，寻觅小虫、甲壳类及其他生物。在没有月光的夜晚，有些种类漂浮于海面，聚在一起产卵，数量不可胜数，因此便产生了许多奇特的传说。在新英格兰被称为"蛤虫"的沙蚕，时常躲藏在空的蛤壳中，使得经常看到这种情况的渔夫以为它们是雄性的蚌蛤。

生活在海藻中，如指甲大小的蟹类，常常前来这些地区觅食。它们是绿蟹的幼体，成蟹住在这块海岸的潮线之下，只有在蜕皮时，才会躲避在海藻的荫庇下。这些小蟹到泥地洞穴中觅食，挖掘小坑，搜寻和它们自己差不多大小的蚌蛤。

蛤类、蟹类和蠕虫类是动物社群的成员，它们的生命息息相关。蟹类和蠕虫是活跃的掠食者、肉食动物；蚌蛤、贻贝和藤壶则以浮游生物为食，潮水带来食物，使它们能长时间定居。依据永恒不变的大自然法则，摄食浮游生物的动物群比以它们自己为食的动物群多。

岩藻除了遮蔽蚌蛤和其他大的生物之外，也庇护许多小生物，它们全都忙着以各种设计不同的过滤系统，滤过每股潮水所送来的浮游生物。例如，有一种被称为螺旋虫的长毛小虫，第一次看到它的人一定会觉得它不是虫，而是螺，因为它是造管生物，学会了某种化学技巧，能够在其周围形成一层含钙的壳或管状物。这种管状物比针帽大不了多少，并且紧密盘绕成一支扁平的白色螺旋，外形非常像陆地上的蜗牛。

这种虫永远生活在管子中，而管子则黏附在海草或岩石上。它偶尔伸出头来，以触须冠上的纤维过滤动物为食。这些极其纤细如丝般的触角，不只是缠住食物的网，也是呼吸的鳃。其中有如高脚杯般的结构，当虫体缩回管中，杯状结构或壳盖的开口闭上，就像紧紧密合的陷阱门一样。

管状的螺旋虫竟能在潮间区生活数百万年，证明了它们善于调整生活方式，一方面能适应岩藻周遭的世界；另一方面则对与地球、月亮和太阳运转相关的多变潮汐韵律反应敏感。

在管状物的最内端，是包在玻璃纸内的小小珠链（至少看来是如此）。一条链子上约有20颗珠子，这些珠子就是正在孕育的卵。当胚胎成长为幼虫时，管状物的玻璃纸薄膜破裂，幼虫就四散入海中。螺旋虫把胚胎期幼体放在母体的管子内，以保护幼体不受敌人伤害，也确保幼体在它们定居时正处于潮间区。它们活泼的游泳时期很短——在潮水涨落一次之内，最多只有一小时左右。它们是强健的小生物，有大红色的眼点，也许这些幼虫的眼睛能够协助它们寻觅依附之地，但无论如何，它们很快就会在幼虫定居之后退化。

在实验室的显微镜下，我可以观察到幼虫四处忙碌地游泳，它们小小的刚毛全都在旋转，偶尔会一头撞在玻璃器皿底部。为什么这些幼虫定居的地点和它们的祖先所选择的地点是相同的？它们是怎么办到的？它们显然尝试了多次，平滑的表面比粗糙的表面更受它们欢迎，同时它们也展现出强烈的群居特性，偏好定居在其他同类已经存在之处。这样的倾向使得螺旋虫的世界较受局限。

它们还有另外一种反应，并非针对熟悉的环境，而是对宇宙的力量——每隔14天，在上下弦月之际，就有一群卵受精，纳入孵化穴，开始孵育；同时，上一周期孵化成形的幼虫则被释出海中。由于这样的时机安排（紧随着与上下弦月同时的韵律），使幼虫总是在小潮之际释出。此时，潮水的涨落都不剧烈，因此就连这么小的生物，在岩藻区存活的机会也都大大地提高了。

滨螺属的海螺在高潮时居住于海藻上层枝上，在潮退之际，则躲避到海藻之下。它们平滑圆润而上部扁平的壳，有橙、黄和橄榄绿等颜色，很像岩藻的子实体，而这样的相似性也可能具保护效果。

光滑滨螺不同于粗糙滨螺，它仍然是属于大海的生物，在潮水退去之后，海藻潮湿的叶片提供了它所需的盐水润泽。它借着刮擦海藻的外皮细胞维生，很少和其他同类一样降到岩石下表觅食，甚至在产卵期间，它仍是岩藻区的生物，而不会把卵产在海水中，幼虫也不会漂浮在潮流里。它们生命的所有阶段都在岩藻区完成，没有其他家园。

　　我对这种处处可见的海螺的幼年期感到好奇，因而在夏日低潮时步入家附近的岩藻丛林中，搜寻它们的踪影。我在倒伏的海藻中翻捡，检视它长长的藻体上是否有我所要找的踪迹。我偶尔会发现透明的团块，如有黏性的果冻一般，紧紧地依附在藻体上，平均约1/4英寸长、半英寸宽。每个团块中，我都可以看到圆如泡泡的卵，共有数十颗嵌入细胞间质之间。我把一团这样的卵块放在显微镜下，每个卵的细胞膜内都有正在发育的胚胎，很明显它们是软体动物，但实在无从辨识，我难以确定究竟是哪一种动物在其间发育。在原栖处的冷水之中，由卵孵化约要一个月的时间，但在实验室温暖的水中，剩余的孕育时间仅需几小时。

　　第二天，每个球体都孕育出一个小小的滨螺幼体，壳已经完全成形，显然只待破膜而出，开始在岩石上的生活。我不禁好奇，它们是怎么在那儿生存的？因为海藻会在潮水中飘动，偶尔还会有风暴带来大浪拍打岸头。不过，夏天来到之时，我得到了部分的答案。我注意到海藻的许多气囊上有小小的孔，仿佛被某种动物咀嚼或刺穿似的，我小心地刺开一些气囊探看，原来在绿色的壁内，光滑滨螺的幼体正安稳地静置其间，每个气囊内有2~6个幼体共享同一块空间，既不怕风浪，也不畏敌人。

　　小潮的低水位之下，水螅在球形褐藻和墨角藻的叶片上，伸展出天鹅绒似的嵌片。每丛管状生物由附着点伸展，就像植物由根丛中升起，看起来宛如一朵娇嫩的花，色泽由粉红到玫瑰红，边缘是花瓣般的触手，随着潮水轻轻颔首，一如森林里的花朵在微风中点头。

然而这种摆动自有其目的。水螅借此由潮水中摄取食物，它以这种方式，成为贪婪的丛林小野兽，所有的触手都备有成套的刺细胞，可以像毒箭一般，射中目标。触手在不断地摆动之中，触碰到小甲壳类、小虫或海中生物的幼虫时，就会发射一波毒箭，使目标麻痹，然后由触手抓住，送入口中。

海藻上的聚落原先都源自一只小小的幼虫，游泳至此处定居下来，抖落了它游泳所用的纤毛，依附其上，长成如植物般的小生物。它未受限那端的触角形成了圆顶，最后由管状生物的底部，可以看到如根或匍匐枝一般的构造，开始在岩藻上攀爬，冒出新的小管，每个都有嘴和触须。因此，这块聚落中所有的个体，都源自释出漂流幼虫的单一受精卵。

在适当的时机，如植物般的水螅必须繁衍后代，但奇怪的是，它不能自行孕育出能生出新幼虫的生殖细胞，因为它只能进行无性生殖，借着出芽的方式繁衍后代。在水螅所属的腔肠动物中，可以一再看到这种奇特的世代交替，它们无法借由这种方式产生和自己相像的后代，每个新个体都只与祖父辈相像。

就在水螅虫类个体的触手之下，新一代的芽产生了——这就是夹杂在水螅聚落中的交替世代，它们是悬垂的串丛，形如浆果。有些种类中，这些浆果形的水母芽会由母体上落下、游开——如钟形的小东西，就像小小的水母一样；然而，水螅虫类并没有释出水母芽，而依然让它们附着。粉红色的芽是雄性的水母，而紫色的则是雌性，它们成熟后，各自把精子、卵子释入海中。如果卵子受精，就会开始分裂，发育成熟后，释出原生质体的线状幼虫，游过未知的水域，建立遥远的栖地。

在仲夏的许多日子里，涌入的潮水带来半透明的圆形形体的海月水母，其中大部分都处于生命周期已完成的虚弱状态。它们的组织很容易被水流撕裂，潮水把它们带到岩藻上，接着退去，把它们留在那里。就像压皱的玻璃纸一般，它们很难活到下一次潮水到来时。

它们每年都会来报到一次，有时候只有一些，有时则多到不可胜数。它们静悄悄地朝海滨漂去，就连海鸟也不会鸣叫，报告它们来到的讯息。海鸟对水母毫无兴趣，因为水母的组织大部分是由水构成的。

在大部分的夏日时光中，它们漂浮在近海海面，水面上白光闪现。有时候沿着两股潮流交会之处，成百地群聚在一起，两条原先看不见的蜿蜒界限，也因它们的追寻而浮现。然而到了秋天，接近海月水母生命的尾声，它们不再抵挡潮流，几乎每次涨潮都把它们冲上海岸。在这个季节，成年的水母带着正在孕育的幼体，把它们装在盘状物表面下层吊着的袋状组织中。幼体时小小的梨形生物，最后终于由母体抖落（或是因母体在岸边搁浅而解脱），它们成群结队在浅水中四处漫游，最后往海底游去，每只都以游泳时的前端附着在另一只的尾端。海月水母的奇妙宝宝如小小的植株，高约1/8英寸，有长长的触手，虽然娇弱，却能够在冬日风暴中存活下来。

接着，它的身体开始收缩，看起来像一摞碟子。在春天，这些"碟子"一只接一只获释游开，每只都是小小的水母，完成了世代交替。在科德角北部，这些幼虫到七月就会长到6~10英寸的成年大小；到七月底、八月初，它们就成熟了，并释出精子和卵子；而到八九月，它们就开始释出将会成为固着世代的幼体；十月，这一季所有的水母都因风暴而死亡，但它们的子子孙孙繁衍不绝，依附在接近低潮线的岩石上，或是生存于附近的海底。

如果海月水母是沿岸水域的象征，很少离岸数里以上，那么红色水母（即狮鬃水母）便恰巧相反。它们会定期涌入海湾和海港，连接绿色的浅水域和开阔的蔚蓝大海。

在浅水渔场，近海100英里以上之处，我们可以见到大量的红色水母懒洋洋地浮游在海面上，有时候其触手拖曳达50英尺或更长。这些触手对所有在它们路径上的海中生物，甚至对人类都有危险，因为其螯刺非常厉害。然而，小鳕鱼，偶尔还有其他鱼类都把这种大水母当成"保姆"，在这种大型生物的保护之下，穿过一无屏障的海洋，却不会受水母触手上如荨麻般的刺的伤害。

红水母也和海月水母一样，是夏日海域的生物，秋日的风暴会终结它们的生命，其子嗣就是在冬日时，外观宛若植物的一代。这种水母的生命史的每个细节，几乎都和海月水母一模一样。在不及200英尺深的海底（通常还浅得多），成束长仅半英寸的细小活组织，是巨大红水母的继承者。它们能够承受夏日大型水母所不能抵挡的寒冷和风暴，当暖和的春日开始消融冬天海洋的刺骨酷寒之际，它们就会冒出微小的钵状物，借着令人费解的神奇发展，在一季之内就长成成年水母。

潮水退至岩藻之下，海滨的浪也冲刷在贻贝构成旳群落之上。这里，在潮间带的低处，蓝黑色的壳在岩石上形成了活生生的地毯，其表面如此浓密，纹理和结构如此一致，常教人忘记这是动物，而非岩石。有些地方，这些数量不可胜数的贝壳长度还不及1/4英寸；有些地方，则可能有几倍大。但它们总是紧紧挤在一起，一个挨着一个，使人很难看清其中哪一个可以接纳带来食物的海水潮流。每英寸、每百分之一英寸的空间，都被生物占据，其靠着在这岩岸上取得立足之地而生存。

在这个拥挤的聚落，每只贻贝都证明它不知不觉地达成了幼年时期的目标——漂流海上，寻找一块可让自己附着的弹丸之地，否则只好死亡。在微小透明的幼虫身上，已显示出生存的意志。

贻贝的幼虫以天文数字般的数目漂流入海。在美洲大西洋岸，贻贝的产卵季节很长，由四月至九月。究竟是什么引起这一波波的产卵还不得而知，但很明显的是，有些贻贝产卵时，释放出了化学物质，对该地区所有的成熟贻贝产生了影响，让它们把卵和精液倾注入海中。雌性贻贝连续不绝地分泌出短小棒状团块形的卵子——成千、上万、数百万的细胞，每个都可能长成成熟的贻贝。一只大雌贻贝一次产卵可能释放出高达两千五百万个卵子。在平静的海域，卵子静静地漂入海底，但在正常状况的海浪或急流之下，它们会立刻被海水卷走。

卵子流出的同时，海水也因雄性贻贝释出的精液，而变浑浊。精细胞的数量实在太多，难以胜数，数十个精子簇拥着一个卵子，挤压着它，寻找入口。但只有一个雄性生殖细胞能够成功。第一个精细胞进入之后，卵子的外膜立刻发生生理变化，由此时开始，精细胞再也不可能穿透它。

在雌雄两性细胞核结合之后，受精卵细胞迅速分裂。不消一次高低潮的间隔，受精卵就成了小小的细胞球，用闪闪发光的纤毛在水中推进。约24小时之后，它就形成了奇特的梨形形体，这是所有软体动物和环节动物幼体时期常见的形状。再过几天，它就变得扁平，拉长，借着摆动一种称为"面盘"的薄膜，迅速游动。它在固体的表面上爬行，碰到异物时也能有感受。它漂洋过海的旅程并不孤单，在一平方米的贻贝床上，可能有十七万只幼体在漂游。

贻贝幼体薄弱的壳已经成形，但不久就被如成年贻贝的双壳取代。此时面盘已经粉碎，成体的外套膜、足和其他器官也开始发育。

由初夏开始，这些长了壳的微小生物，以庞大的数目在海滨的海藻里生活，每片我所采集用作显微观察的海藻中，都可以发现它们以称为"足"的长管状器官四处攀爬，探索外面的世界。这种器官长相奇特如象鼻，贻贝幼体用它来探索前方的其他物体，爬越平坦或险陡的倾斜岩石或海草区，甚至走过平静的水面下。然而不久，它们的足有了新的功能：能协助编织坚韧如丝的线缕，让贻贝安顿在任何可以坚实支撑它的物体上，避免被海浪冲卷而去。

低潮区内贻贝区的存在，证明了这种一连串的过程已经进行了数百、数千万次，且发挥得淋漓尽致。然而，对于每只在岩石上存活的贻贝而言，也必有数百万的幼虫，游入海中，却遭遇悲惨的结局。大自然的系统达到微妙的平衡，除非大灾难临头，否则毁灭的力量既不会超过，也不会不及创造之力量。在人的一生中，甚至在最近的地质时期，整个海岸上贻贝的数量可能都保持不变。

在整个低潮区，贻贝和一种红色海草——杉藻，有密切联系。

这种海藻生长缓慢，成丛聚生，质地宛如软骨。植物和贻贝结合在一起，密不可分，形成坚韧的席垫。植物周遭可能有非常小的贻贝密集生长，为数众多，掩盖了附着处的底部。海藻的茎和不断分枝的干都充满了生命，但是这么小的生物肉眼难见，唯有借助显微镜才能看清细部。

小螺类沿着藻体爬行，啃食微小的植物，有些拥有明艳的条纹和深纹的壳。许多海藻的基干部厚厚地镶满了苔藓类动物，膜孔苔虫由各个隔间中伸出长有触角的小小头颅。另一种较粗糙的苔藓动物"放射虫"，也运用红色海藻破碎的枝干和断株，形成席垫，它自行长成的体干几乎粗如铅笔，粗糙的毛发和刚毛由垫子中伸出，让许多异物附着其上。然而，它就像膜孔苔虫一样，是由数百个相邻的小小隔室组成的。

透过显微镜片，我可以看到一个接一个的隔间内，有健壮的小东西正小心翼翼地探出头来，接着就像人们撑开伞一样，伸展如膜的触角顶部。如线缕一般的蠕虫爬过苔藓动物，在刚毛中卷曲成一团，宛如蛇穿过粗糙的植物断株一般。微小的甲壳类——水蚤，只有一只闪亮如红宝石的眼睛，笨拙地在整块栖地上不停地跑动，显然扰乱了居住其间的动物，其中一个感受到这只甲壳类鲁莽的骚扰，迅速收起触角，躲入隔间里去了。

在红色海藻形成的丛林枝头，有许多称作"藻钩虾"的端足目甲壳动物所在的窝巢或管道。这些小生物外表看来好像穿着乳黄色的针织衣饰一样，上有明艳的棕红色斑点，每张如羊一样的脸孔上都有两颗如红宝石般明亮的眼睛和两对如角般的触毛。它们的巢建造得非常巧妙稳固，就像鸟巢一样，但更耐用。这种端足目动物不擅游泳，平时总不情愿离开它们的巢。它们窝在舒适的小囊中，头和身体上部经常冒出来，海水流经它们位于海藻内的家，为它们带来小小的植物残片，解决了糊口的问题。

一年中大部分的时光里，藻钩虾都单独居住，一个巢中只有一只。初夏时分，雄性拜访雌性（后者数量远超过前者），在巢中交配。幼体孕育之际，母亲把它们纳入由腹部附肢形成的孵化袋中保护。在孕育幼体的时候，它经常跑出巢外，奋力地扇动水流流经袋囊。

卵子发育成胚胎，胚胎化为幼虫，但母亲依然保留着它们，细心照顾，直到它们小小的身体发育完全，能够在海藻上自行用植物纤维神秘地结巢，并自行觅食、防卫。

在孩子们可以开始独立生活之际，母亲流露出不耐之色，要甩开群集在她窝巢附近的幼虫。她用螯和触角，把幼虫推到边缘，并试着推挤、驱赶它们。幼虫用带钩和刚毛的螯紧附在老巢的墙和走道上，最后虽被赶了出去，却依然在附近徘徊。如果母亲不小心现身，它们就一拥而上，依附在她身上，再度回到熟悉而安全的老巢内，直到最后母亲不耐烦，再度把它们赶出去。

就连刚被赶出孵育袋的幼虫，也都造了自己的巢，并且随着成长的需要而扩大巢穴，但幼虫待在巢中的时间不如成虫那么长，更自在地在海草四周攀爬。我们经常可以在大端足目动物的窝巢附近，看到几个小巢。也许幼虫虽然被母亲赶出窝巢，却依然喜爱待在她身边。

在低潮区，海水退到褐藻和贻贝之下，进入一块覆满红棕色角叉菜的宽敞地带。它暴露在空气中的时光如此短暂，潮水的退却如此迅速，因此角叉菜的叶片清新湿润，闪闪发光，才显示了它和海浪的接触。也许因为我们唯有在潮水涨退交接之际的短暂奇妙的时光中，才能拜访这个地点；也许因为海浪在如此接近我们的地方拍击岩石边缘，化为水花和飞沫，伴着涛声再度朝海洋流泻，总提醒我们这块低潮区属于海洋，而我们只是过客。

在这片长满角叉菜的草地上，生命层层相叠，一层接着一层，或在其中，或在其下，或在其上。由于苔藓矮小，分枝又错综复杂，因此能够保护其内的生物免于海浪的冲击，并且在低潮退尽的短暂期内保持环境的湿润。在我往访海岸之后，夜里听到秋日沉重的涛声滚滚而来，淹没了苔藓蔓生的暗礁，总不免担心海星宝宝、海胆、海蛇尾、筑管而居的端足类生物、裸鳃生物，以及其他所有生存其间的娇弱小动物。但我知道，在最浓密的潮间丛林的保护下，它们的世界是安全的，海浪虽拍击其上，却不会造成任何伤害。

角叉菜构成如此浓密的掩护，若非仔细探索，不可能得知其中的生命。此处的生物丰富多样，不论种类和数量，都很难掌握。角叉菜上没有一叶不是完全镶满苔藓动物的海洋席垫——膜孔苔虫的白色蕾丝花边，或是小孔苔虫如玻璃般的易碎外壳。这样的外壳由极其微小的细胞或隔间构成，有规则地排列成图案，表面雕琢精细，每个细胞都是触角小生物的家。据保守估计，一根角叉菜上就有数千个这样的生物，在一平方英尺的岩石表面，可能有数百根这样的茎，提供了百万苔藓动物的生存空间。在缅因州海岸上，一眼瞥去，单是这种动物，其数量就必定达几万亿。

但这个数字还有更深的含义。如果膜孔苔虫的数量如此庞大，那么它们采食的生物数量就更大。苔藓动物的栖地是高效率的陷阱（或过滤网），可以自海水中汲取微小的动物食物。一个接一个地，个别隔间的门打开了，由每扇门中，伸出一环如花瓣的细纤维。转瞬间，整个栖处表面尽是触须圆顶，如风拂过的花朵般摇曳生姿，下一刻，一切又都缩回保护室内，栖处仿佛又铺满了石雕。

虽然"花朵"在石头组成的田野上摇摆，但每朵都会造成许多海洋生物的死亡，因为它引来许多微小的球状、椭圆和新月形的原生动物以及极小的海藻，偶尔也吸入极小的甲壳类和蠕虫，甚至软体动物和海星的幼虫，这些生物在这个苔藓丛林里，虽然看不见，但数目如繁星般多。

较大型的动物虽然没有那么多，但数量依然惊人。海胆，看来像是大型的绿色大苍耳，经常深藏在苔藓中，它们球形的身体借着许多管足的附着盘，深深埋在岩石之中。无所不在的普通滨螺不知为了什么，未受限于许多潮间带动物的影响，生活在苔藓区之上、之中、之下。它们的壳在低潮时，散置在海草表面，自叶上沉重地垂挂下来，可能一碰就会坠落。

数百只小海星成群结队地聚在这里，因为这些海藻草甸似乎是北岸海星的主要养育地。到了秋天，几乎每株植物下都隐藏着1/4或半英寸大小的海星。这些年幼的海星有彩色斑纹，长大成熟之后，斑纹便会褪去。其管足、刺状突起，以及所有其他表皮上的奇特生成物，对于它的体积来说，比例都很大，而且外形和结构都非常清晰完美。

在布满植物茎干的岩床上，有许多海星幼体。它们是白色的脆弱斑点，大小如雪花，美得精致。全新的外貌正说明了它们刚经历由幼虫蜕变为成虫的过程。

也许游泳的幼虫就是在这些岩石上，完成了它们浮游生物的生命阶段，停下来栖息，并且紧紧地把自己依附在岩石上，暂时变成了静居的生物。接着，它们的身体就如吹玻璃一般变化，细长的角突了出来；这些角或突出物上覆满游泳用的纤毛，其中有些附有吸盘，以便幼虫找到稳固的海床底部。在虽短却关键的附着期，幼虫的组织重新组合，就像茧中的蛹一样，幼体期的形体消失了，取而代之的是成年海星的五角体态。这些新成形的海星非常熟练地用它们的管足攀爬过岩石，如果身体不小心翻覆了，也借着管足矫正自己的姿势，并以海星应有的方式吞食微小的动物为食。

北地的海星几乎出现在每个低潮池，或在湿苔藓上、或在悬岩沁凉的滴水区，等待潮水再度涌入。在极低潮中，海水退去的时间短暂，这些色彩缤纷的海星遍布在苔藓上，宛如群花盛放——粉色、蓝色、紫色、桃色和灰褐色。偶尔也可看见灰色或橙色的海星，在白色斑点图案中，刺状的凸起十分明显。其腕足较北地的海星更圆、更壮，上表皮如石般的圆板通常是鲜橙色，而非像北地品种的淡黄色泽。这种海星在科德角南部经常可见，只有少数几只会离群朝北而去。

在低潮岩石区还有第三种海星——血红海星。这个种类不只居住在海滨，也向下潜到接近大陆架边缘的漆黑海底。它总是栖于凉冷的水域，而在科德角之南的这种海星必须向海洋而去，以寻找适合它的温度。但这并不是在幼虫阶段进行，因为它和其他海星不一样，它的幼体不会游泳。母体弓着身躯以腕足发展出来的囊袋抱持着卵和幼虫，它抱孵幼体，直到它们长成小小的海星。

北黄道蟹以角叉菜富有弹性的席垫为隐居之所，等待潮水返回或是黑夜降临。我记得有一块覆满海草的礁岩，由岩墙突出，伸向北极海草在潮水中滚卷的深水域。海水才降到这块礁岩之下，即将重新卷来，而如玻璃般清澄、涌上礁边再退却的海水，都预示着这样的迹象。海草达到饱和状态，忠实地吸收水分，宛如海绵。

就在这块地毯的重重软毛之下，我瞥见了桃红的色彩。起先我以为是硬壳珊瑚，当我分开叶片时，却因一只大螃蟹突然移动位置的动作而吓了一跳。接着，它停下来被动地等待，直到我深入海草中探索，才发现好几只这种螃蟹，安稳地等着度过短暂的低潮期，不被海鸥发现。

这些北地螃蟹的被动性，必然与逃避海鸥有关——海鸥可能是它们最常见的天敌。在白昼，我们必须搜寻，才能见到螃蟹的踪影，它们要么深深埋藏在海草中，要么躲在突出岩石形成的阴暗而凉爽的凹处。它们安全地栖身当地，轻轻地挥舞着大螯，等待潮水重新涌入。然而，在暗夜里，海岸就是大螃蟹的天地。一天晚上，趁着潮退之际，我步入低潮世界，送一只在晨间潮水中捞起的海星回家。

八月的夜晚，海星对潮水的最低潮再熟悉不过了，也因此必须以这个深度回归大海。我带着手电筒，穿过滑溜的岩藻。这是个阴森森的世界，礁岩被海草帘幕遮掩，日间还是地标性的圆石，在幽暗中隐约浮现，比我印象中的还大，形状陌生，每个突出的团块在阴影勾勒下都显得轮廓鲜明。我举目四顾，不论是在手电筒光的直接照射下，或是隐约藏在朦胧的光影里，都有螃蟹疾走的身影。它们大胆地占据了海草覆盖的岩石。光影交错，它们古怪的形体因而更加醒目，使得这块原本我很熟悉的地域变成了小精灵的世界。

在某些地区，海草并未附着在底部的岩石上，而依附在更低一层的生命体——偏顶蛤的群体上。这些大型的软体动物居住在厚重而凸起的壳里，较小的一端有黄色的刚毛，是上皮的自然生成物。在波涛汹涌的岩岸，除了软体动物有可能存在及活动之外，不可能还有其他生物，而偏顶蛤本身就是这个动物群落的基础。它们以金色的足丝织成天罗地网，借此把壳依附在底部的岩石之上。这些足丝是细长足部腺体的产物，由奇特的乳状分泌物"织"成，和海水接触之后即硬化。其质地既坚韧、柔软，又有弹性，朝四面八方伸去，让贻贝能够在顺逆流中都保持稳固的位置，尤其要抵挡回流的拉力（在波涛汹涌的海浪中是巨大的）。贻贝在此成长的这些年，泥土岩屑的粒子已经陷入它们的壳下面，围绕在足丝的锚线附近，创造了另一个生命区——多种动物生存其间的下层植被区，包括虫类、甲壳类、棘皮动物、各种各样的软体动物，以及新一代的贻贝幼体——眼前还这么小、这么透明，从新成形的壳中可看见它们幼小的身躯。

有些动物时常出现在偏顶蛤之间。海蛇尾薄薄的身体巧妙地从足丝之中和贻贝壳下穿过，细长的臂足如蛇般滑行；海鳞虫也总是栖身在此。在这个奇妙动物群的下层区，海星可能栖于海鳞虫和海蛇尾之下，海胆在海星之下，海参则在海胆之下。

居住在这里的棘皮动物，体型都不大。偏顶蛤形成的毡毯，仿佛是正在成长的幼贝的庇护所。的确，完全长成的海星和海胆很难藏身于此。

在低潮无水之际，海参把自己卷成不足一英寸长足球形的小椭圆体，但若它们回到海水中伸展全身，却可以长到五六英寸，并伸出一圈触手。海参以岩屑为食，以柔软的触手探索周遭的泥屑，偶尔把触手缩回口中，好像婴儿吸吮手指一般。

在层层贻贝之下、海藻深处的穴中，鳚属的瘦长小鱼"岩锦鳚"和几只同类挤在一起，蜷曲在灌满水的庇护区内，等待潮水涌回。当它们受到入侵者干扰，它们就会一起猛烈地翻搅海水，如鳗鱼般扭曲、蠕动奔逃。

在这贻贝城市的向海郊区，大型贻贝分布得较疏落之处，海藻铺成的地毯也变得比较薄，但依然很少暴露出底下的岩石。原本在较高处会寻觅岩石峭壁和潮池作为遮蔽的绿色面包屑软海绵，在这里却能直接面对海水的冲击，形成软而厚的淡绿席垫。这种动物常见的圆锥体和凹洞散布其间；而在薄薄的苔藓中，处处可见另一种色块——暗玫瑰色或是如丝缎般闪闪发光的红棕色，暗示着更低层生物的存在。

一年中大部分的时间，朔望大潮退入角叉菜区，但不会再向下退，而会朝陆地涌去。但在某些月份，因为日、月和地球的位置变换，使得朔望大潮振幅增加，浪涛虽然涌得更高，却也退得更远。秋日浪潮永远那么强烈且随着狩猎月（hunter's moon）的亏盈，也有潮水涌上花岗石平滑边缘的昼夜，镶着蕾丝花边的微波触及杨梅的根部；在退潮之际，日月引力结合，吸引海浪回归海洋。自四月的月光映照出黑暗轮廓之后，再也没有露面的暗礁，如今又浮现出来，暴露出闪闪发光的海床：珊瑚的红粉、海胆的碧绿、海藻的琥珀。

在这种大潮巨浪的时节，我走到海洋世界的门槛，陆地生物在一年的流转时光中，很少有机会跨入这样的天地中。在那里，我看到了黑暗的洞穴，微小的海洋花朵在其中绽放，成群的海鸡冠承受着瞬息退却的海浪。在这些洞穴和潮湿阴郁的岩石深隙中，我发现自己置身于海葵的世界：在闪亮、棕褐、圆柱状的身体上，伸展着奶油色触手冠的动物，就像美丽的菊花在洼地或潮线底部的小池中绽放。

在潮水退到使它们暴露出来之际，它们的外观却完全改变了，似乎完全不适应这短暂的陆地生涯。只要这崎岖不平的海床能提供一点掩蔽之处，就可以见到它们暴露在水面上的栖地，数十只海葵挤在一起，半透明的身躯挨着彼此。紧挨水平面的海葵回应着退却的潮水，把它们的组织拉成扁平而坚韧的圆锥体，羽毛般柔软的触手冠缩回体内，丝毫不见海葵伸展时的美。

生长在垂直岩石上的海葵疲软地垂挂下来，延展成奇特的沙漏形状，它们的组织因为不习惯潮水的退却，而显得柔弱无力。它们并不缺乏收缩的能力，因为只要它们被触碰到，圆柱体就立刻开始向上收缩，身体比例反而较为正常。这些海葵遭海洋遗弃，变成了奇特的物体，而非美丽的生物，和盛放在近海海面上，所有的触手都伸展出来搜寻食物的海葵毫不相同。小小的海洋生物触及海葵伸展的触手时，就会碰到致命的分泌物。总共千余只触手内，均藏有伏蜷的棘刺，每个上都有微小的尖刺。这尖刺可能就像扳机一样，也可能因猎物靠近，起到了化学引爆器的作用，使得棘刺猛力冲射，因而被注射毒液，让猎物无法动弹。

就像海葵一样，海鸡冠也把顶针大小的栖处悬在礁岩内侧。低潮时，它们柔弱无力地低垂下来，仿佛既无生命，也无美感，和海水重新卷来时的生气蓬勃有天壤之别。接着，这种管状小生物的触手由栖处表面的无数小孔中伸了出来，螅体伸入潮水中，分别为自己捕捉小虾、桡脚类的小生物，以及潮水带来的各种幼虫。

海鸡冠，或称为海手指，并不像有远亲关系的石珊瑚那般，分泌石灰质的杯状物，但它能形成坚硬的脉石，其间有钙质骨针，许多生物都生长其间。骨针虽然十分细小，但对地质学研究非常重要。因为在热带珊瑚礁中，海鸡冠或海鸡冠亚纲动物在此和真正的珊瑚混合在一起，随着柔软的组织死亡溶解之后，硬骨针成为微小的建筑基石，是构成礁石的成分之一。

在印度洋的珊瑚礁和海底平原上，海鸡冠不但数量多，种类也丰富，因为这些软珊瑚主要是热带海洋的生物，不过有一些则进入极地海洋。有一种非常大的，高如巨人，像树木一样分枝，生长在新斯科舍和新英格兰外海的渔场。大部分无共生藻的珊瑚生活在深水域中，因为潮间区的岩石并不利于它们的生长，只能在朔望大潮偶尔暴露出来的低礁岩阴暗的表面，看到它们的踪迹。

在岩石的缝隙中，在水满的小池里，或是因潮水退却而短暂暴露出来的岩壁上，粉红色心形水螅构成了美丽的花园。在依然有潮水覆盖之处，如花般的动物在长茎上优雅地摇摆，伸出触手捕捉浮游小动物。不过，也许它们只有在永久性淹没的地方，才能恣意生长。我曾在码头桩柱、浮船坞、浸在水中的绳索和缆线上，看到它们生长得密密麻麻。一点也看不到它们生长的基部，仿佛有成千上万的花朵，而每朵都如我的小指尖大。

在最后一丛角叉菜之下，可以看到一种新型海底，过渡得非常突然，就好像画了一条线似的，转瞬间再也不见角叉菜了。在柔软的褐色席垫外一步，就是宛如石头构成的海底，除了色彩不同之外，简直就像是火山斜坡——光秃秃的，寸草不生。但我们所见的不是岩石，底部石块的每个表面都覆满了生物，不论是垂直或水平，暴露或隐蔽，全都生有一层珊瑚藻，因此岩石上有一层浓浓的深红色。珊瑚藻和岩石紧密结合，俨如岩石的一部分。在这里，滨螺的壳上有小块的粉色色块，所有的岩洞和缝隙也填满了同样的色彩。朝下倾入碧绿海水中的岩石底层，带着粉色直到目穷之处。

珊瑚藻是非常令人着迷的植物，属于红色海草。它们常生长在较深的沿岸水域，因为它们色素分子的化学性质，所以需要水幕保护，以隔绝自身组织与阳光的接触。然而，珊瑚藻非常擅长承受阳光的直接照射，它们能够把石灰岩的碳化物纳入自己的组织，让自己更坚硬。大部分的种类的珊瑚藻能够在岩石、贝壳和其他坚硬的表面上形成块状外壳，外壳可能平滑而薄，仿佛一层珐琅漆；但也可能因为突起的结节，显得厚而粗糙。

在热带地区，珊瑚藻通常是珊瑚礁的重要组成成分，协助使珊瑚动物的分支结构固着为坚固的珊瑚礁。在东印度群岛，处处可见它们色泽精美的外壳覆盖了一望无际的潮间平台，许多印度洋的珊瑚礁都没有真正的珊瑚，而是由这些植物构成的。

在挪威的斯匹次卑尔根群岛的海岸附近，褐藻大森林生长在北端光线暗淡的水域里，也有由珊瑚藻构成的庞大石灰质海岸，绵延不断。由于它不但能生存在温暖的热带，也能生长在气温仅及冰点的海域，因此这些植物由北极一路生长到南极海域。

珊瑚藻在缅因州海岸画出的玫瑰色带，就好像要标示朔望大潮的最低水位线似的，在这里，很少能见到动物生活的踪影。这一区虽然很少明显地看到其他生物出现，却有成千上万的海胆栖息在此。它们并不像在较高水位那般躲在缝隙和岩石中，反而栖息在平地或微微倾斜的岩石表面。数十至五十只挤在一起，在覆满珊瑚藻的岩石上，粉色背景上形成了绿色的斑纹。我曾见过这样的海胆群位于大浪冲蚀的岩石上，显然，它们管足所构成的小锚抓得紧紧的，尽管惊涛拍岸，大浪又回卷入海，海胆却不为所动。因此，也许潮池或岩藻区的海胆尽力隐藏自己塞入岩石缝隙的强烈欲望，并不是为了逃避雷霆万钧的海浪，而是在躲避虎视眈眈的海鸥，因为海鸥每每在低潮之际掠食海胆。

在海胆如此暴露的珊瑚区，总是有一层海水的保护，在整年的白昼里，掉落至这个高度的潮汐，恐怕不到十来次；其他的时刻，海水的深度总让海鸥无法靠近，虽然海鸥能够俯冲浅水区，却不能潜到如燕鸥一般的深度，也不能冲到超过它自己身长的海底。

这许多低潮礁岩区的生物，生命相互交织，密不可分，不是猎食者和猎物，就是共同竞争食物与空间的关系。在这一切之上，海洋发挥着引导和调解作用。

海胆在这个朔望大潮的低地寻找避开海鸥的庇护所，但对其他动物而言，海胆自己才是危险的掠食者。它们进入角叉菜区，隐藏在深深的缝隙和突出的岩石下，吞食了大量的滨螺，有时甚至也攻击藤壶和贻贝。不论在海岸的任何高度，海胆都有控制其猎物数量的制衡作用。海星和一种贪食的海螺——波纹蛾螺，就像海胆一样，大部分时间都在近海的深水中，唯有在猎食时才会到潮间区做长短不一的停留。

在隐蔽的海岸，猎物——贻贝、藤壶和滨螺比较难找到适宜的地点生存，虽然它们生性刚健，又容易适应环境，能够在任何高度的潮水中生活。然而在隐蔽的海岸中，岩藻把它们挤出海岸上层2/3的地方，只有零散的几只出现在这个地方。而在低潮线正下方，则有饥肠辘辘的掠食者守候，因此，这些动物只能在小潮时接近低潮线。在有掩蔽的海岸，数以百万计的藤壶和贻贝聚在此处，它们白色和蓝色的壳散布在岩石上，普通滨螺大军聚集于此处。

不过，海洋自有其缓冲调节的作用，可以改变这样的模式。蛾螺、海星和海胆在这海域都是冷水域的生物，近海的水又冷又深，潮水来自这种冰冷的蓄水库时，掠食者可以远及潮间区，大量捕杀猎物；但当水面较温暖时，掠食者就受限在较深的冷水域。在它们朝海中退却时，大群猎物也随之而来，随它们尽量下潜到朔望大潮的低潮世界去。

在潮池深处，蕴藏着神秘的世界，海洋所有的美都以迷你的细致规模展现出来。有些潮池位于深隙或裂缝中，在朝海的那一端，这些缝隙被水掩盖，因而消失；但在朝陆地这端，它们斜向悬崖，岩壁升得更高，在池面投下深深的影子。其他的池子则位于岩石盆地中，朝海那端有高高的外缘，在最后一波潮水退却之后，依然能留住水分。壁上长满了海草，海绵、水螅、海葵、海蛞蝓和海星生存在这块每次平稳宁静达数小时的海域中；而就在保护边缘之外，海浪却拍击不已。

潮池的面貌变化多端。夜里，它拥抱着星星，流泻出银河的光芒。也有"活生生的星星"来自海洋，它们是闪耀着翡翠光芒的含磷硅藻，仿佛在黑暗水面游泳的小鱼闪烁的眼睛，它们的身体细长如火柴棒，吻部朝上，几乎垂直地移动，而侧腕栉水母则随着捉摸不定的月光和上涨的潮水而来。鱼和侧腕栉水母在岩质盆地的黑色空地上觅食，但它们就像潮水一样来来往往，并不会恒久生活在池中。

白昼也有其他的面貌，一些最美丽的池子高踞海岸。它们的美在于简单的要素——色彩、形体和倒影。我知道一个只有几英寸深的池子，却容纳了整个天空，它捕获、幽禁了整个遥远的蔚蓝空间。池子的轮廓是蓝绿色的，由一种名为"浒苔"的海藻构成，藻体形如简单的管子或稻草。在陆地那一头，灰色岩石自地表凸起，有人一般的高度，映照在水面上，又以同样的深度沉入水中。在映照的悬崖之外是遥远的天际。当光线正好的时候，可以看到一片无涯的蔚蓝，使人迟疑不敢涉足无底的池水。云朵飘浮其上，风轻快地吹过表面。除此之外，一无动静，池子归属于岩石、植物，却与天空结为一体。

在邻近的另一个高池，碧绿的管藻由底部升起。池子借着奇幻的魔法，凌驾了岩石、水和植物的现实世界，由这些元素，创造出另一方天地的幻影。朝池水中探看，见到的不是水，而是森林的山坡美景。然而，这片幻影不似真实风景，反而像幅画，像艺术家巧笔下的作品，藻类的叶状体所描绘的并不是写实的数目，只是看起来相似而已。但这个小池所造就的艺术效果，宛如画家发挥艺术技巧，创造出的形象与图案。

在这些高池上，几乎没有动物的踪影，除了一些滨螺和散布的琥珀色等足类动物。高踞海岸的潮池，因为长期缺乏海水，生存环境都很恶劣。池水的温度可能大幅上升，反映白昼的酷热。大雨之后，池水变淡；炎热的阳光下，则变得更咸。另外，它也随着植物的化学作用，在短时间内出现不同的酸碱变化。在海岸较低处的池子情况则较稳定，动植物都能生活在比开阔岩石更高之处。因此，潮池能把生命区移到岸边较高处，但相对地，它们也受到海水缺席时间长短的影响；生活在高池里的生物，与才和海洋做短暂分离的低池生物完全不同。

最高的小池几乎完全脱离海洋。它们蓄雨水，只是偶尔会有海浪从风暴或非常高的潮汐中涌入。然而，海鸥自海滨狩猎归来，带着海胆、螃蟹或贻贝，抛在石上，粉碎覆盖的硬壳，露出柔软的内部。海胆的外壳、螃蟹的螯或贻贝壳的碎片滚入池中，在分解时，其石灰成分也释入水中，使池水呈碱性。一种单细胞植物——红球藻非常适合这样的生长环境。这是一种微小的球状生物，分开为个体时几乎无法看清，但数百万聚在一起，却使得高池潮水呈现出如血般的红色，显然碱性是它们生存的必要条件。其他池子的环境也都类似，只是因为机会使然，可能没有壳片，也就没有微小的深红球状生物。

甚至最小，不及茶杯大的洼地，都有生命充斥其间，通常是数十只海岸昆虫——龙尾跳虫——"走向海洋的无翅生物"。池水平静无波时，小昆虫在水面上奔走，轻易地由池子的这边越到那边。然而，就连最微小的涟漪都会使它们在水上无助地漂流。因此，唯有数十、数百只小虫聚在一起，在水面上形成如叶片的斑块，它们才会显眼。

显微镜下，一只小如蚊蚋的龙尾跳虫，仿佛穿了一层灰蓝色的丝绒，其中伸出许多毛或细发。虫子潜入水里时，刚毛在虫体周围保留了一层空气，因此，在潮水上涌时，它不需要回到上方的海岸。这种虫包覆在闪耀的空气中，通体干燥，也不愁呼吸的空气，隐身缝隙之间，等待潮水退却。接着，它再度出现，在岩石间徘徊，搜寻鱼、螃蟹、软体动物、藤壶的尸体为食。它是对海洋有贡献的清道夫，让有机物质保持循环。

我经常发现海岸上1/3处的池子边缘，都有棕色天鹅绒般的覆盖物。我探索的手指从岩石上撕下如羊皮纸般光滑的薄片，这是一种称为"褐壳藻"的褐色海草。这种海草细小，如同地衣般依附在岩石表面，或一层薄片披覆在广阔的区域。不论它生长在何处，都会改变潮池的性质，因为它提供许多小生物急切寻觅的庇护所。这些小生物小到足以从它下面爬过，找到覆盖着的海草和岩石间的暗洞，获得安全，不致被大浪冲走。

如果只看到镶着天鹅绒边缘的池子，或许会以为其中没有任何生物，只有少数几只滨螺在其间嚼食海草嫩芽，在它们扫过棕色被覆的表面时，外壳轻轻地颤动；或许还有一些藤壶的角锥穿透了植物的薄片组织，张开口，准备扫掠海水，摄取食物。但每当我带一簇这种褐色海草回来，放在显微镜下时，总是可以看到其间生机盎然。其中有许多圆柱形的管子，如针般细，由泥状物质构成，每个的构造者都是一只小小的蠕虫，身体是由一系列十一个小到不能再小的环节组成，一个接着一个叠在一起，就像棋盘游戏中相叠的棋子。它的头上有个突起的构造，好似扇状的冠，或是由最细的羽状细丝构成的冠毛。这些细丝不但能吸收氧，也能由管状的身体中伸出，捕捉微小的有机食物，这使得原本单调无奇的生物因此而美丽。

在这层褐壳藻皮层的微小动物世界中，时常有小小的叉尾甲壳类，它们的眼睛闪闪发光，色泽如红宝石般璀璨。其他统称介形纲的甲壳类，则包覆在由两个部分组成的扁平桃红色壳内，宛如附着盖的盒子；长长的附肢伸出壳外，在水中划动。但为数最多的是微小的蠕虫，它们在各种各样分节的环节虫外壳和平滑如蛇般的纽虫身躯上匆匆来去，外观和迅疾的动作，显露出它们正在捕食。

晶莹清澄的池水，未必非要大才美。记得有一处位于洼地最浅处的小池，我躺在它旁边的岩石上伸展四肢，张臂就能碰到另一边岸。这个小池位置约在高低潮水线的中间，我目力所及，只看见两种生物。其底部铺满贻贝，外壳色泽淡柔，如遥远的山峦那种朦胧的蓝色。它们的存在使人产生深度的幻觉。池水晶莹透明，几乎看不见，唯有指尖触及的冰凉，使我感觉空气与水分界的存在。清澄的水满溢着阳光，光线向下伸展，闪亮的光芒包围了这些耀眼的贝类动物。

贻贝，为整个池中唯一可见的另一种生物——水螅，提供了依附之处。水螅把几乎隐形的基干线缕绕在贻贝的壳上。水螅属于桧叶螅家族，群栖的每个个体以及所有的辅助枝和分枝，都镶嵌在透明的鞘中，就像冬日的树木带着层冰鞘一般。

挺直的枝干由基部的茎上伸出，每一枝上都挂着两排晶体杯状物，微小的生物就居住其间。这正是美和脆弱的具体展现。我躺在池畔，水螅的影像在放大镜下显得更清晰。

在我看来，它们就像最精细的刻花玻璃，或像精雕细琢的装饰灯架细部。

每个在保护杯中的动物都像非常小的海葵，是迷你的管状生物，上有触手冠。每个个体的中心腔都和另一个支撑着它的枝杈那么长的腔相连，这个腔又与较大分支的空腔和主干的空腔相交，所以每只个体的摄食行为都对整个聚落的营养摄取有所贡献。

我不禁疑惑，这些桧叶螅以什么为食呢？它们数量惊人，不论以什么为食，数量都必然比这些肉食的水螅体还要多。然而我什么也看不到，显然它们的食物非常微小，因为每个捕食者都只有细如线缕的直径，其触手就像最细的蜘蛛丝。在澄净如水晶的水中，我的眼睛只能察觉一片极小微粒的薄雾，就像阳光中的尘屑。当我更仔细地观察时，尘屑消失，又恢复了原来的澄澈，让人以为看花了眼。我知道这是因为人类视力不够完美，使我无法看到触手下的成群微生物。

笼罩着我思绪的不是那些可见的生命，而是隐形的形体；最后我不禁觉得，这群隐形的生命，才是池中势力最庞大的生物。水螅和贻贝就是依赖这群潮流带来的隐形漂流物而生存的。贻贝被动地过滤浮游生物，水螅则主动地掠食细小的沙蚤、桡脚类生物和蠕虫类。但若涌入的潮水不再带来这些生物，浮游生物减少，那么不论是对处于如山峦般靛蓝壳中的贻贝，或水晶般透明的水螅，这个池子都会成为一潭死水。

海岸上最美丽的小池，有时候不是一般人可以看到的，必须细心寻觅，也许隐藏在错综复杂的大岩石低洼地下；也许在突出礁岩下的阴暗凹处；也许埋藏在海草丛生的厚重帘幕下。

我知道这样的一个隐秘潮池。它位于海洋洞穴中，低潮填满了其下方1/3的高度，当潮水上涨回涌，水量增加，水池也扩大，直到所有的洞全都填满了海水，洞穴和岩石全都淹没在满潮之下。潮水低时，人可以由靠陆地那端接近洞穴。巨大的石头构成它的底、四壁和顶部，只有少数几个缺口——两个在靠海那侧的底部附近，一个高踞近陆地的岩壁上。人可以躺在岩石的门槛上，透过低低的入口望入洞中和池里。洞穴并不真是黑暗的，甚至在晴朗明亮的天气里，还会泛出冷冷的绿光。这种柔和光线的来源是穿过潮池底部低处缺口的阳光，但唯有进入池中后，光线才会因覆盖在洞底海绵最纯、最淡的鲜活绿色而改变。

光线透入的同一个缺口，鱼儿游入了洞穴，探索绿色的殿堂，接着又离开，进入更辽阔的海域。潮水透过这些低矮的缺口起伏，在涨退中，无形中带来了矿物质（也是洞中动植物化学作用的原料）。而它们也再一次地在无形中，带来了海洋生物幼虫，漂游着寻觅栖身之所，有些会停驻下来，其他则会在下一次潮来之际，再次向外漂流。

向下探看这个被洞穴四壁包围的小世界，令人感受到穴外海洋世界的韵律。池中的水永不止息，水平面并非只随着潮水涨落而变化，也随波涛的脉动剧烈起伏。海浪的回流把它拉向海中，池水迅即消失；接着潮水逆转，涌入的海水泛起泡沫，突然上涌，几乎漫到人的脸上。

海水朝外涌出时，即可看到海床，在越来越浅的水中，可以清楚地看到它的细部。绿色的面包软海绵覆盖了大部分的池底，形成了由粗糙小毡毛似的小东西构成的厚地毯，光滑的双尖硅石针则是支撑海绵的针状体或骨骼。地毯的绿色来自同时在海藻细胞内，又散布在动物宿主组织各处的植物色素——叶绿素。海绵紧紧地依附在岩石上，由植株的光滑与扁平，可见大浪塑造流线型效果的力量。在平静的水域，同种类的生物会伸出无数凸起锥状物，而在此地，这样的锥状物表面却任汹涌澎湃的潮水滚转磨砺。

掺杂在绿色地毯之间的是其他色彩的斑纹。一种是浓烈芥末黄的深纹，或许属于硫黄海绵。在大部分的潮水都已退却的一刹那，我们可以瞥见洞穴最深处丰富的淡紫色，这是硬壳珊瑚的色泽。

海绵和珊瑚共同构成了较大潮池动物的生活背景。在静寂的退潮时分，很少有可见的动静，甚至掠食的海星也紧贴在壁上，宛如固定着的漆成橙、粉红或紫色的装饰用品。一群大海葵居住在洞穴的壁上，它们的杏黄色在绿色海绵的映衬下更显娇艳。所有的海葵都依附在池子的北壁，好像无法移动。但下一次朔望大潮时，我再访洞穴，却发现其中有些已改移西壁之上，定居该处，仿佛又动弹不得。

许多迹象表明，海葵的群落非常繁荣，而且也将持续繁荣。在洞穴的四壁和顶上，有许多海葵宝宝，小块的柔软组织闪烁着半透明的淡褐色；但群落中真正的"育儿所"，是在有开口通向中央洞穴的前厅部分。在那里，有一块不到一英尺大，略呈圆柱形的空间，由垂直的高岩墙包围，成百上千的海葵宝宝就附着其间。

洞穴顶端简单明白地宣示了海浪的力量。受限于有限空间的海浪总是凝聚其庞大的力量，强劲地上跃，因此，洞穴顶端逐渐被侵蚀。我所躺着的开阔入口使这个洞穴免于承受上跃波浪的全力冲击力量，然而，生活在该地的生物依然是习惯于大浪冲击的生物。

这里是简单的黑白拼嵌——黑色的贻贝壳，其上生长的是白色的藤壶锥体。原本最擅长栖息在大浪肆虐的岩石上的藤壶，不知是什么原因，似乎不能在洞顶直接找到立足之地，但贻贝能做到。我不知道怎么会这样，但我猜测，幼小贻贝于潮退之际，在潮湿的岩石上爬行，织出它们的丝线，紧紧地绑缚自己，稳稳固定住以免被回涌的潮水卷去。也许长久下来，藤壶的幼虫已在贻贝聚落处占了一席之地，因为贻贝的壳比光滑的岩石表面更容易紧紧攀附。但不论它们是怎样形成的，都已经变为现在我们看到的这个样子了。

我躺着探看池内，在一个浪头退却，另一个浪头尚未袭来的间隔，亦有较为寂静的时刻——那时我可以听到细微的声音。水由洞顶贻贝，或由沿着岩壁排列的水草滴落的声音；小小的银色水花，落在浩瀚的潮池里，迷失在池水本身发出的嘈杂的呢喃低语里，迷失于永远不会完全安静的池水里。

接着，我用手在大片暗红色的红藻中探索。我推开覆盖在岩壁上的角叉菜，找到了纤细娇弱的生物。我不禁疑惑，在风暴巨浪肆虐的这片狭小空间里，它们是怎么生存的？

贴附在岩壁上的，是一层薄薄的苔藓虫的壳。数百个瓶状的微小细胞组成的易碎结构，似玻璃般脆弱，一个挨着一个，规规矩矩地构成了连续不断的硬壳。呈淡杏黄色，整体看来宛若一触即会粉碎的无常生命，一如阳光出现前的白霜。

在壳上四处跑的是一种腿部细长、渺小如蜘蛛的生物，和身下大片的苔藓动物一样，也呈杏黄色泽，原因或许和它们的食物有关。还有海蜘蛛，也是极脆弱的生物。

另一种较粗而挺立，名为"织虫"的苔藓动物，由基部的垫子上伸出棒状的小小突起，这种蕴含着石灰的棒状物质也显得光滑易碎。在其中，可见到无数小小的圆虫，像线缕那样细，以蛇一般的动作蠕动。贻贝幼体四处爬，尝试探索崭新的世界，它们还来不及找到地点布下如丝般的细线，固定自己。

我用放大镜探索，发现在海藻体上有非常微小的螺类，其中一只显然才刚降临到这个世界，因为它纯白的壳只形成了第一圈螺旋；而随着它的生长，螺旋还会在它身上增加许多倍。另一个虽大不了多少，却年长一点，闪亮的琥珀色壳如法国号一般盘卷。在我探看之际，其内的微小生物探出了笨重的头，似乎在以两颗小如针尖的眼睛，打量着周遭的环境。

然而看起来最脆弱的，是在海草中四处可见的小型钙质海绵。它们形成一块块如花瓶状突起的管状物，每个都不到半英寸长，其壁都是一张细线织成的网，织成浆硬过的小巧可爱的蕾丝网。

我只要一动指头，就能粉碎这些结构；然而它们能在此生存下来。当海水涌来，惊涛骇浪必然会填满洞穴。也许解开这个奥秘的关键就在于海藻，它们弹性十足的藻体为所有生存其间的娇弱小生物提供了缓冲。

然而，海绵的存在赋予了这个洞穴和池子的特殊性——持续流逝的时间感。夏日里，我每天都在最低潮探访池子，每天也都似乎没什么改变。七月如此，八月如此，九月也如此。今年和去年没什么差别，可能未来一百甚至一千个夏日也不会有差别。

海绵的构造简单，平铺在古老岩石上。由原始海洋中汲取食物的首批海绵，是跨越永恒的桥梁，它们和眼前的海绵并没有什么两样。铺在这个洞穴底部的绿色海绵在这块海岸成形之前，也存在他处的池中；3亿年前，当首批生物在古生代这个古老的纪元爬出海中时，它就已经非常古老了；在第一个化石记录出现的遥远过去之前，它就已经存在了，因为在活组织消失之后依然存在的遗迹——坚硬的小小骨针，出现在寒武纪岩石的首批化石上。

因此，在深藏于池中的洞穴里，时光从悠久的年代回响到现在，一切只是转瞬间。

在我观察时，一只鱼游来，成为绿光中的一团暗影，由靠海岩壁的低处缺口进来。和古老的海绵相比，这鱼几乎是现代的象征，鱼的祖先只能追溯到海绵历史的半途；而我，虽然看起来和这两者仿佛是同时期的生物，但其实是初来乍到的新客。我的祖先居住在地球上的历史如此短暂，和它们比起来，我的存在简直像是时代的错误。

我躺在洞穴入口处着这些思绪，海浪涌现，漫过我休憩的岩石，潮来了。

第四章

在沙之缘

沙子是美丽、神秘，而又变化多端的。

海滨的每粒沙，

都可回溯到生命或地球本身模糊的开端，

它深深探入古老的年代，

来自骄阳暴晒而至崩裂的岩石，

是永不止息过程的生命迹象。

  海之滨的沙滩，尤其是海风拂扫、连亘沙丘为界的广大沙地，有一种新英格兰年轻岩岸所欠缺的古老。是地球不疾不徐从容运动的过程，眼前的永恒任它尽情挥霍。在这里，海陆之间的关系是经历了数百万年的时间才逐渐形成的，和新英格兰海岸上大海突如其来涌入山谷，淹没大地，涌上山巅完全不同。

  在漫长的地质年代中，潮水由广大的大西洋岸平原退却又涌上，它爬向遥远的阿巴拉契亚山脉，暂时停顿，接着又慢慢退却，有时候则深入洼地。每次海水上涌之际，都会散布沉积，在辽阔的平原上，留下生物的化石。因此，今日的波涛，在地球历史或是海滨的自然现象中，只不过是转瞬。无论是高一百英尺，还是低一百英尺，海水依然会不疾不徐地起落，扫过闪闪发光的沙地，今日一如曩昔。

这块海滨本身的物质，也可以追溯到时间的深处。沙子是美丽、神秘而又变化多端的物质；海滨上的每粒沙，都可回溯到生命或地球本身模糊的开端。

海滩上的沙粒来自经骄阳暴晒而崩裂的岩石，它们因风雨和河水的冲蚀，而离开其原本的位置。在缓慢的浸蚀、朝向海洋的输送过程中，随着这段旅程的中断和接续，矿物经历了各种不同的命运，有些被抛下、有些则被磨碎而消失。岩石缓慢的浸蚀和分解过程在山区进行，而沉积物则不断地累积——因为岩石崩落而突然大幅增加，或是因水无情的浸磨而缓缓累积，全都展开它们朝向海洋的旅程。有些因为河床中急湍水流的分解或碾磨而消失；有些则由潮水抛上河床，躺在那里一百、一千年，埋在平原的沉积物中，再等待百万年。在这期间，海水也许涌入，接着又回到洼地。接着，它们终于因浸蚀工具——风、霜、雨的持续运作而释出，继续朝向海洋的路程。一旦它们抵达咸水中，就又开始重新排列、分类和运送。轻质的矿石，如云母片，几乎立刻就被卷走，而沉重的岩石，如钛铁矿和金红石的黑沙子，则由风暴掀起的浪涛拾起，抛在海滩上方。

没有任何一粒沙子能够在一个地方待得长久。沙粒越小，就越容易被送到远方（大粒沙借水，小粒沙则借风）。沙粒平均只有等体积水的重量的两倍半，却比空气重两千多倍，因此，唯有较小的沙粒能够由风运送。虽然经常受到风和水的作用，但沙滩每天的变化很难看得出，因为一粒沙被带走，就会有另一粒沙来填补它的位置。

大部分的海滩沙粒都是由石英构成的，这也是所有矿物中，最常见的一种，几乎在每种岩石中都找得到。而在它透明如水晶的颗粒中，还可以找到许多其他的矿物，一小粒沙中，可能包含着十数种以上的矿物。经由风、水和重力的拣选，更暗、更重的矿物微粒可能在淡色的石英上形成花纹。因此，在沙粒上可能会出现奇特的紫色调，随风而变化，堆积成深色的小山脊，一如波浪形成的涟漪——是近纯石榴石的荟萃。另外，还可能有暗绿色的条纹，是由海绿石构成的沙石，这是大海中生物和非生物相互作用发生化学反应的产物。

海绿石是一种含钾的硅酸铁，在所有地质年代的沉积中，都有海绿石的形成。根据一种理论，它现在在海床温暖的浅水域中成形，由一种称为"有孔虫"的微小生物的壳，在泥泞的海底累积分解。在夏威夷的许多海滨，黑色玄武熔岩产生的橄榄石沙粒，反映了地球内的暗沉色调。金红石、钛铁矿和其他沉重矿石黑沙的漂积物，染黑了佐治亚州的圣西蒙和萨佩罗群岛的沙滩，"黑沙"与淡色的石英明显分开。

在世界的某些地方，沙代表了植物的残留物，在这些植物生前，有石灰硬化的组织，或是海洋生物含钙硬壳的残片。例如，在苏格兰的海岸上，处处可见由闪亮银白的"珊瑚藻沙"（nullipore sands）构成的沙滩，是生长在近岸海底，经海洋磨蚀粉碎的珊瑚藻残留物。在爱尔兰的戈尔韦海岸，沙丘是由小小穿孔的碳化钙球状沙粒构成的，这是原先漂浮在海上的有孔虫的壳，这些动物虽然已经死亡，但它们建造的壳保存了下来。它们漂浮到海床上，挤进沉淀之中。稍后，沉淀物向上隆起，形成悬崖，经过侵蚀，再一次回到海中。有孔虫的壳也出现在佛罗里达州礁岛群的沙滩上，伴随着珊瑚的残片和软体动物的壳，都被粉碎、搁浅，并由海浪打磨得闪闪发光。

由东港到基韦斯特，美国大西洋岸的沙子以其变幻不定的本质，揭示出各种各样的起源。北岸由矿物质形成的沙所主宰，海岸依然在拣选、重新排列，运送冰川数千年前由北方带来的岩石碎片。新英格兰沙滩上的每粒沙，都有多变的悠久历史。在成为沙之前，它们曾是岩石，因冰霜凿雕而碎裂，粉碎在前进的冰川之下，掺杂在冰中缓缓前行，接着在海浪中磨砺打光。而在冰来到之前的长久世代里，有些岩石由阴暗的地底，借着没有人了解、也没有人看见的途径，暴露在阳光下（因地底的热而化为液体，并沿着深沟裂缝涌出）。现在，在其历史上这特别的一刻，它属于海之滨，随着潮水在海边起伏，或随着海流沿岸漂流，不停地筛选分拣、挤压、冲出、再次漂流，一如海浪永恒不断地在沙上冲蚀。

在纽约长岛上，冰川的物质在此地堆积，沙子中含有大量的粉红色石榴石、黑色的电气石，以及许多磁铁矿粒子。在新泽西州，南部海岸平原的沉积物首先出现，磁铁物质和石榴石粒子较少。烟水晶主要出现在巴奈加特湾，海绿石在蒙茅斯海滩，重矿物则出现在五月角。各地都有绿柱石出现，熔化的岩浆引出了深深埋在古老地面下的物质，在接近地表处结晶。

弗吉尼亚北边只有不到0.5%的沙是碳酸钙；南部则约有5%。在北卡罗来纳州，虽然海滩主要依然是由石英砂构成，但石灰质和贝壳沙突然大幅增加。在哈特拉斯角和卢考特角之间，10%的海滩沙子是石灰质的。而在北卡罗来纳州，也有当地特殊物质的奇特累积，如硅化木——这也就是在赫布里底群岛（苏格兰西部）的爱歌岛名闻遐迩的"鸣歌沙滩"（singing sands）。

佛罗里达州的矿砂并非产于当地，而是源自佐治亚州和南卡罗来纳州的皮蒙特以及阿巴拉契亚高地饱经风霜的岩石。这些碎片随着朝南的溪流和河水入海。佛罗里达湾岸北部的海岸几乎是纯石英的，由山中降到海平面的水晶粒构成，堆积成雪白的平坦地带。

在美国的威尼斯沙滩上，有一种特别的闪亮光芒，锆石的结晶体就像钻石一样散布在其表面上，四处洒着蓝绿色如玻璃般的晶石。

在佛罗里达州东岸，长长的海岸大部分是石英砂（著名的代托纳海滩就是由紧密结合的石英颗粒组成），但越朝南，石英砂和贝壳碎片就越来越密不可分。在迈阿密附近，海滩上的沙只剩不到一半是石英，塞布尔角和礁岛群的沙则几乎全是源自珊瑚、贝壳和有孔虫的遗骸。整个佛罗里达州东岸的沙滩，都接受了火山物质的小小贡献，漂浮的轻石碎块顺着洋流漂了数千英里，最后搁浅在海岸上，形成了沙。

虽然沙粒极其微小，但我们仍可以由一粒沙的形状和质地看出其历史。风吹来的沙比水送来的沙更圆，它们的表面也因和空气中所夹带的其他粒子的摩擦，而失去光泽。同样的效果也见诸近海面的玻璃片上，或是海滨漂流物中的旧瓶子上。古代的沙粒，借着表面的蚀刻，也许能够提供我们一点过去气候的线索。在欧洲，更新世时期的沙粒沉淀物表面缺乏光泽，就是冰河时代的强风吹袭造成的。

我们总把磐石当成亘古的象征，但就连最坚硬的岩石，也都会因大雨、霜和海浪的侵袭而磨蚀粉碎。但沙粒几乎无法毁灭，这是波浪运动最后的产物——微小而实心的矿物，经过多年的碾磨和打光，依然存在。小粒的湿沙每粒外层都因毛细管作用，而包覆着一层水膜，彼此之间罕有空隙。由于这层液体膜，使沙粒本身不致再磨蚀，甚至大浪的冲击都不能使两粒沙相互摩擦。

在潮间带，沙粒组成的小世界也是想象不到的渺小生物的世界，它们在包覆沙粒的液体膜上悠游，一如鱼儿游过覆盖地球表面的海洋。在渺小水世界中的动植物，是单细胞动植物，有水螨、虾形甲壳类、昆虫以及无限小的蠕虫幼虫，全都在此生、死、游泳、觅食、呼吸、繁殖。在一个小到我们人类无从估量其规模的世界里，分开沙粒的微小水珠，就像浩瀚而深邃的海洋。

并不是所有的沙中都住着这种"罅隙中的动物"，因结晶岩风化而成的沙中，生物最丰富。贝壳或珊瑚沙中，即使有桡脚类或其他微生物，数量也很少，也许这显示了碳酸钙粒子在它们周遭创造了不利于生存的碱性环境。

在任何海滨，沙粒中所有"小池"的总量，都代表了沙中动物在低潮时期所能拥有的水量。普通细沙能够包含几乎等同它自己分量的水，因此低潮时，唯有最上层会因温暖的太阳而干涸，其下则又湿又凉。因为它所容纳的水能让较深层的沙保持恒温，甚至其盐度也都相当稳定，但在这方面，最表层的沙子因落在海滩上的雨水，或是因流经此地的溪流，而受到影响。

在沙滩的表面，只见波浪雕出的波纹痕迹，沙粒纤细的花纹终于坠落在已经力竭的波浪下，死去良久的软体动物的壳四处散落，海滨宛若没有生息，不但生物无法居住，甚至也无法栖息。一切都隐藏在沙下。大部分沙滩生物唯一显露的线索是蜿蜒的足迹，它们以轻微的动作扰动上层，或是以未及伸出的管子，及张开的开口向下探入隐埋的洞穴。

姑且不说生物本身，生命的迹象在和海岸线平行的深沟中最为明显，在潮退潮来之间，深沟中至少含有几英寸深的水。小小的沙丘蠕动着，下面可能藏着一只玉螺，正专心致志地追捕猎物。V形的痕迹可能来自正在掘洞的穴居蛤、鳞沙蚕，或是心形海胆。扁平如缎的痕迹则可能引向埋在沙中的沙钱或海星。而每当高低潮间隐蔽的沙或沙泥暴露出来，布满数百个洞孔，标示了其内幽灵虾留下的痕迹。其他的沙洲则可能有许多突起的管子林立，如铅笔般细，古怪地黏缀着贝壳和海草碎片，显示大批带羽蠕虫——巢沙蚕生活其下；或者，大片宽广的区域内尽是沙躅（又称海蚯蚓）黑色锥形的土丘，或者在海之滨，可见到一小串如羊皮纸般的囊，一端并不固着，另一端则消失在沙下，显示大型的肉食生物——蛾螺就在底下，且正为了产卵和保护卵的繁重任务而忙碌不已。

不论如何，生命的实质——觅食、躲避天敌、捕捉猎物、生育，这一切构成沙滩生物世界生生不息的活动，并非是只瞥视沙滩表面即视之为不毛的肉眼所能得见的。

　　我忆起一个凛冽的十二月早上。在佛罗里达万岛群中的一座岛屿上，潮水方落，沙滩还一片潮湿，清新的风沿着沙滩，吹着浪花飞沫。在海岸偏离大海，朝向海湾寻求庇护之处，水缘上的暗色湿沙有连续几百码的奇特记号，这些记号被排列成组，每组都有一系列细如蜘蛛丝的线由中心点朝外辐射，仿佛一根根细棍歪歪扭扭地划过那里。起先看不到任何生物的迹象，不知是哪种生物这么漫不经心地涂鸦，等到我跪在湿地上，一个接着一个仔细地观察这些奇特的徽章，才发现在每个中心点之下是五角扁盘状的蛇形海星，沙上的记号是它又细又长的臂所留下的，铭刻了它向前移动的记录。

　　我也记得六月的一天，涉水走过鸟滩，这个地方位于北卡罗来纳州的博福特镇。于低潮之际，数英亩的沙岸海底只有几英寸深的水。我在岸边沙中发现两道深刻的沟纹，相距约莫我的食指这样的长短。在沟纹中，有一条模糊且不规则的线，我沿着这个痕迹，一步步越过这个沙洲，最后到达小径短暂的尽头，我看见一只幼鲨，正朝着大海而去。

　　对大部分的沙滩动物而言，生存的关键是要潜伏在湿地中，在海浪可及之处找到觅食、呼吸、繁殖的方法。因此，沙滩的故事也可说是生存在沙中深处小生命的故事；它们在又暗又湿的冷凉处找到了避难所，躲避随着潮水前来觅食的鱼，以及在退潮之际来到水缘捕掠的鸟儿。

穴居生物一旦潜入地表，不但环境状况稳定，而且也可在此躲避天敌。只有少数天敌能够由上方掠夺猎物，可能是把长喙刺入招潮蟹洞穴的鸟儿；也可能是在海底拍扑的黄貂鱼，翻掘沙土，寻觅埋藏其间的软体动物；或是章鱼伸出探索的触手，滑入洞中。敌人只有在很偶然的机会下，才会深入沙中。玉螺就是以这种困难的方式生活在此的掠食者。这是种目盲的生物，从不使用眼睛，因为它总是在黑暗的沙中摸索，寻觅可能位于沙表下深达一英尺的软体动物。在它以巨大的足向下挖掘探索时，它平滑的圆形外壳助了一臂之力，一发现猎物，它就以足抱住，在猎物的壳上钻出圆洞。

玉螺极为贪吃，每只幼虫每周要吃下超过自己体重1/3的牡蛎。有些蠕虫和海星也是善掘洞的掠食性生物。但对大部分的掠食者而言，不断挖掘洞穴所消耗的能量，远比因此而捕食的猎物多。沙中大部分的掘洞生物都是被动的觅食者，只要足够建立一个暂时或永久的家，能够安置其间，过滤潮水中的食物，或是吸食累积在海底的岩屑，就已经足够。

涨潮启动了活生生的过滤系统，大量的水经由这些过滤器过滤，埋藏在沙中的软体动物把它们的水管推出沙地，好让涌入的水流经它们的身体。安居于U形羊皮纸状穴道的鳞沙蚕开始抽水，由管的一端吸水，自另一端吐出。涌入的潮水带来食物与氧气，涌出的水则耗尽了食物，并带走虫体的有机废物。小螃蟹则把它们触角上的羽状捕捉器张开，好像要撒网捕食似的。

随着海潮，掠食者也由海面而来。蓝蟹由海潮中冲出，捕捉一只正伸出触角过滤退潮逆流的肥硕鼹蟹。大量的咸水随着潮水涌入，米诺鱼的鱼群像云朵一样涌来，寻觅海滩上方的小端足目生物。玉筋鱼猛然游过浅水，寻找桡足类的生物或鱼苗，偶尔它也会遭到大鱼朦胧身影的尾随。

潮退之际，这些特别的活动都消停下来，猎食和被猎食的活动都减少了。然而在湿沙里，有些生物甚至在潮退之际，依然能够觅食。沙蠋可以持续让沙子通过自身的消化道，以摄取点滴食物。心形海胆和沙钱，位于湿透的沙中，不断地挑拣食物碎屑。在大部分的沙上，却是饱食后的平静，等待着潮水下一次的变换。

虽然在较平静的海岸和受保护的浅滩上，许多地方都可以发现丰富的生命，但有些更清晰地刻印在我的记忆中。在佐治亚州的一座海岛上，有一片海滩，虽然它正对着非洲，却有最轻柔的海浪拂拭其边缘。风暴总是绕过它，因它位于恐怖角和卡纳维拉尔角之间内弯的长弧形海岸上，风并没有掀起大浪，袭上海滩。海滩本身的质地异常坚实，因为它是由泥、土和沙混合构成的，可以在其间挖出永久的洞穴。涌入的潮流刻画出小小的波纹，在潮退之际依然驻留，宛如迷你的海浪模型。沙纹内留着由潮流抛下的小小食物颗粒，供岩屑中觅食的生物享用。海滨的斜坡和缓，因此潮退到最低处时，高低潮线之间便会暴露出 1/4 英里的沙滩。然而，宽广的沙洲并非完全平坦，蜿蜒的沟渠游走其上，就像溪流越过大地，保留了上一次高潮的水迹，提供无法忍受海水暂时退却的生物一片栖息之地。

就在这个地方，在潮水边缘，我曾发现了整"床"的海肾。那天非常阴沉，这也是它们暴露出沙面的原因。我从未在晴朗的日子里见过它们，虽然它们就在沙面之下，保护自己不被烈日暴晒。

虽然渺小无比，很容易就会受到忽略，但我见到它们的那天，粉红和淡紫的花颜抬起，暴露在沙的表面。在海之缘见到如此酷似花朵的生物，见到它们生长在这里，辨识出它们的身份，依然让人觉得突兀。

在这些扁平、心形、将短茎挺举在沙面上的海肾，其实不是植物，而是动物。它们和水母、海葵、珊瑚等简单的生物属于同一大类，但要找到它们最近的亲缘种类，就必须离开海岸，走到较深的近海海底。海笔虫在那里把长茎伸入柔软的泥里，一如奇异动物丛林中的蕨类生物。

每只生长在潮之缘的海肾，都是随潮流涌到这片海岸的微小幼虫发育而来的。但其在生长的特殊过程中，却不再是原来的单一个体，而是成为群集的许多个体，固着在一起，形成如花朵一般的形体。各个不同的个体或蝛体都呈小小的管子形状，埋在肉墩墩的聚落之中。有些管状物有触手，看起来像极了小海葵，为栖息的聚落捕捉食物，而在适当的季节也形成生殖细胞。其他没有触手的管状物是聚落的"工程师"，负责吸纳和控制水流。变换水压的水力系统则控制着整个聚落的动作，随着茎部肿胀起来，它也会被压入沙中，把整个聚落带入沙中。

涨潮时，潮水漫过海肾扁平的形体之际，所有的觅食个体都伸出了触手，朝向在水中舞动的活生生的尘屑——桡足类、硅藻、线缕般细小的鱼儿幼虫。

在夜里，浅水淙淙，缓缓流过这些沙滩，泛起涟漪，发出亮光，这些成百上千的光点标示出海肾生长的区域，闪耀的光点形成如蛇般的曲线，一如夜里自飞机上俯瞰公路沿线聚落的蜿蜒光点。海肾就像它们深海的亲戚一般，散发出美丽的光芒。

在繁殖的季节，扫掠这些沙滩的潮水带来梨形的小幼虫，新的海肾聚落将由这些游泳的幼虫发展而来。在过去的年代，横越开阔的海面，接着分隔北美、南美的潮流，挟带着这些幼虫，分布在太平洋岸，北起墨西哥，南至智利。接着，一条陆桥在南北美大陆之间升起，封闭了水中道路。如今大西洋和太平洋两岸都有海肾，这是过去地质时代里，南北美大陆原本是分开的，海洋生物能够自由自在悠游其间的活生生的例证。

在低潮线边缘饱含水分的沙地上，总能见到水面下的小小泡沫，这是沙滩生物在溜进、溜出它们所藏身的世界。

我可以见到薄如圆片的沙钱（又称钥孔海胆），其中一个把自己埋在沙地里，前端斜斜插入沙中，毫不费力地就由阳光和水的世界溜进我感觉不到的幽暗地带。它们的壳为了挖掘洞穴，或是抵挡海浪的力量变得更坚实，上下壳层之间布满辅助支柱，只有中央盘状物除外。

这种生物的表面覆盖了小小的刺状物，柔软如毡，小刺在阳光下闪闪发光。它们的挥舞掀动了潮水，使沙粒也随之运动，便于其由水中爬入沙中。在盘状物的背面，可以隐约看到如五瓣花朵般的图形，平盘上有5个孔贯穿；其上重复的"5"这个数字，泄露了它属于棘皮动物一类。当这种生物在沙面流动表层的正下方前行时，沙粒也由其体表下方穿过洞孔朝上挤压，助它向前，并在它的体表覆上一层隐蔽物。

沙钱和其他棘皮动物共享这幽暗世界。心形海胆生存在潮湿的沙下。这种生物从来不曾出现在沙表，直到在潮水边缘发现它们曾经栖身的"小薄盒"，被潮水送上海滩，经风吹拂，四处滚动，最后落在高潮线的残留物之中。不规则的心形海胆位于沙表6英寸以下的穴中，以衬有黏液的管道通向外界，经由这样的管道上达浅海海床，在沙粒之间搜寻硅藻和其他的食物残屑。

偶尔有星形图案在沙地表层上闪烁，暗示其下有栖息的海星，它因潮水的流动而留下痕迹——它把潮水吸入体内呼吸，再由上表层的许多气孔排出。沙粒扰动，星状图案就会颤抖、消失，宛如星星消失在云雾里，海星迅速滑开，以扁平的管足涉水穿过沙地。

我越过佐治亚的沙滩一路走来，总不免想到自己正踩在某座地下城市的薄薄屋顶上。几乎看不见其内的居民，但沙滩上有地下寓所大大小小的"烟囱"和"通气管"，还有各种各样进入地下幽暗世界的通道。废物构成的垃圾堆涌向沙滩表面，好像是为了市民的卫生而造，但居民不见踪影，静悄悄地生存在幽暗费解的世界里。

在这个穴居居民的城市中，数量最多的当属幽灵虾。它们的洞在潮水可及的沙滩上处处可见，直径比铅笔的笔尖还要小得多，四周则是一小堆排泄物。排泄出来的丸状物大堆大堆地堆积在一起，这是虾类的生活方式使然，它们必须吞食巨量的沙土，才能取得和这种难以消化的物质混合在一起的食物。这些窟窿是肉眼可见的洞穴的入口，深入沙中几英尺深的洞穴（近乎垂直的长穴道），通道之间互相连接，有些引入虾类城市又深又潮的底部，有些则导向表层，仿佛通往紧急逃生门。

洞穴的主人不会现身，除非我投入沙粒，一次投入洞口数粒，引它们出洞。幽灵虾身躯细长，长得奇形怪状。这种生物很少爬出洞外，因此不需要硬骨骼保护，只由一层有弹性的表皮覆盖，以便它在狭窄穴道里挖掘、转身。在它身体的下侧，有几对扁平的附肢不断地挥动，在洞中掀起潮流。因为在深层的沙层中，氧气供应不佳，必须由上层引来含有空气的水。潮来之际，幽灵虾攀上洞口，开始筛滤沙粒的工作，并搜寻细菌、硅藻，以及大块的有机物碎屑。食物经由腹肢上的细毛刷出，接着送到口中。

在这个沙下城市建立永久家园的居民，很少独自居住。在大西洋沿岸，幽灵虾经常和一种圆胖的小蟹共居（这个种类和寄生在牡蛎中的种类是近亲）。这种称作豆蟹的小蟹，发现这个通气良好的洞穴是很好的庇护所，也能源源不断地供应食物。它用身体上长出的微小羽状物作为滤网，由水流中过滤流经洞穴的食物。加州沿岸的幽灵虾则和多达十种的生物共生，其中一种是小虾虎鱼。在退潮时，它把洞穴当成临时庇护所，在虾居的通道之间游荡，甚至将房主推到一边。另外一种则是住在穴外的蛤类，它把自己的水管插入壁中，从流经穴道的海水中觅食。这种蛤类有短的吸管，在一般情况下，必须在沙表正下方生活，以接触水面，搜寻食物。这种蛤也借着和幽灵虾的洞穴建立通路，享受住在较深层受保护的好处。

在同一片佐治亚沙滩较泥泞之处，沙蠋生存其间，它们的存在可由黑色的圆顶为标志，就像低矮的火山堆似的。不论沙蠋出现在哪里，在美洲还是欧洲的海岸，它们都辛勤努力，使沙土不断更新，使沙土中腐化的有机物的量能够维持平衡。如果沙躅数量众多，它们甚至可以在一年之内，在每英亩沙滩上更新两千吨的沙土。就像它们在陆地上的同类一样，沙躅也把大量的沙土吞入体内，经由消化道吸收腐化有机残屑中的食物，再通过排泄把沙排出，排泄物的整齐或弯卷的形状泄露了这种蠕虫的形迹。

在每个暗色的角锥体附近，都可以看到如漏斗形的小小凹陷。沙躅将身体弯成U形静置沙中，尾部位于圆锥体内，头则位于凹陷之中，潮来的时候，它就把头伸出来觅食。

沙躅其他的活动迹象则出现于仲夏——透明、粉红色的大块囊袋在水中浮动，一端伸入沙中，就像孩子玩的气球一样。这些挤得紧紧的胶状物质是蠕虫的卵块，每个液囊内都有多达三十万只幼虫正在发育。

沙躅和其他的海洋蠕虫不断地在大片沙原上辛勤耕耘，其中一种笔帽虫正是用含有食物的沙，形成圆锥状的管道，以便在钻穴时保护自己柔软的躯体。我们偶尔可以见到活的笔帽虫正在工作，因为它的管子会略微突出沙地表面。然而，我们更可能在潮水的残留物中发现空管子，虽然外观看起来很脆弱，但能在其建筑师死后许久，还依然保持完整。这些沙石只有沙粒那么厚，是由沙子构成的天然镶嵌品，小心翼翼地完美组合成"建筑石料"。

一名叫作华特森（A. T. Watson）的苏格兰人，曾花了许多年研究这种蠕虫。由于制造管道的过程是在地面下进行的，因此，简直不可能观察到它如何把沙粒放到合适的位置及接合的情况。后来他想到了搜集刚孵化的幼虫这个点子，可以在实验皿底部铺一层薄沙，然后就可以观察了。幼虫停止了四处巡游，定居在实验皿底部之后，就开始了建造管道的过程。

首先，每只都在身体四周分泌出膜质的管子，这是圆锥体的内里，也是沙粒拼嵌的基础。幼虫只有两只触手，用来搜集沙粒，送入口中。这些沙粒经幼虫四处滚动、探试、实验，如果觉得合适，就置于管状物的边缘。接着由粘腺分泌出一点液体，蠕虫在管子上摩擦某种如盾的结构，仿佛要把它磨平。

华特森写道："每个管子都倾注了'房主'毕生的心血，精巧美丽地与沙粒构筑在一起，每一粒都以人类的建筑师一样精湛的技巧，精准地嵌在适当的位置。而确定适合位置的时机，则是借精密的触觉，因为我见到蠕虫在置入沙粒后（接合之前），微微地调整沙粒的位置。"

这些管道是屋主在地面上挖掘隧道的终生藏身之所。因为这种蠕虫也像沙蹋一样，在沙面下搜寻食物。它们用以挖掘的器官就像管道一般，与脆弱的外表并不相符。它们是前端尖锐的细窄刚毛，排成两群，或如梳子般的两排，看起来相当不实用。我们可以想象，有人会异想天开，用闪亮的金色铝箔裁剪出这些东西，并以剪刀不断地修剪，裁制出圣诞树装饰物。

我曾在实验室中为这些蠕虫创造了沙和海的小世界，观察它们的工作情况。即便是在玻璃皿的薄沙中，这些梳状物都非常坚固有力地运作，使人不禁联想起推土机。蠕虫由管道中微微探出头来，把梳子探入沙中，挖起一铲，抛过肩后，然后又把"铲子"收入管缘，好像把铲刃清理干净一般。它左右开弓，动作迅速。金色的铲子挖松了沙土，让搜集食物的柔软触角在沙粒中探索，把找到的食物送入口中。

海浪沿着分隔大陆与海洋的岛屿切割出入海口，潮水也由此涌入岛屿后方的海湾与峡口。岛屿面海的沿岸浸在潮水中，携着泥沙涌向岸边，一英里接着一英里，连绵不断。潮来潮往，在入海口交会，释出了部分沉淀物。因此，我们可以在海口见到成串的浅滩，这就是沉积的沙子形成的钻石浅滩、煎锅浅滩，及其他数十个有名或无名的浅滩。然而，并非所有的沉淀物都是堆积而来的，许多是由潮水卷来，扫入入海口，落在入海口内较平静的水域。在海岬和入海口内部，在峡与湾中，浅滩逐渐成形，海洋生物的幼虫也随之而来，因为这些生物的生存需要平静的浅水域。

在卢考特角的隐蔽处，有些浅滩向上浮上海面，在低潮的间隔期暴露在太阳和空气之中。接着，再度沉入海洋。浅滩很少遭大浪覆盖，而其上方和周遭的潮流可能逐渐改变它们的形状与范围——今天向它们借一点，明天又由其他地方借来沙泥还它们一点——整体来说，对沙中动物而言，它们是稳定而平和的世界。

有些浅滩以空中或水中的生物访客为名——鲨鱼沙洲、羊头沙洲、鸟洲。要前往"鸟洲"，必须搭船经过蜿蜒在波弗特海湾沙丘沼泽峡道之间的水道，并在浅滩水草根紧紧固着的沙质边缘，也就是沙洲靠陆地的那一面登岸。成千上万的招潮蟹的洞穴像筛子一样布满了面对沼泽的多泥海滩，入侵者闯入时，招潮蟹就曳足在沙洲上疾走，许多几丁质的小硬足扣地的声音，恍若纸裂。越过沙脊、望出浅滩，如果还有一两个小时才会退潮，那么目光所及，便只有阳光下闪烁着的一片海水了。

在海滩上，随着潮退，湿沙边缘也逐渐朝海洋退却。海滨，水面闪亮如丝绸，上面浮现出一块暗色天鹅绒似的补丁，就像一尾巨大的鱼，由海中缓缓浮出水面——那是长条的沙滩浮现在我们眼前。

每逢朔望大潮，巨大的沙洲的顶点更突出水面，暴露的时间也更长、更久。而在小潮时，潮水的脉动微弱，海浪的动作迟缓，几乎见不着沙洲的踪影。甚至，在退潮时的低点，沙洲上也有薄薄一层水掀起的涟漪。然而风平浪静之际，在一个月中的任何一个低潮期，我们都能由沙丘边缘涉水走过广阔的浅滩地区。水浅且清澈，使得底部的每个细节显露无遗。

甚至在中潮之际，我都可以走到远处，把干沙滩远远抛在后面。深深的水道横切了沙洲偏远的边缘，走近的时候，可以看到海底缓缓倾斜，从晶莹澄澈变成一片晦暗而不透明的绿。一小群米诺鱼闪烁着银光穿过浅滩，遁入幽暗，更凸显海底斜坡的陡峭。较大的鱼沿着沙洲之间狭窄的浅水通道，游荡入内。我知道，在较深的水底，有一床床的日光蛤、蛾螺朝下移动，以它们为食。螃蟹不是四处游走，就是把自己埋在泥沙底部，只露出眼睛。接着，每只螃蟹身后的沙中，都出现两个小小的漩涡，标示螃蟹用鳃吸入水流，就像呼吸。

在海水覆盖沙洲之处，甚至在最浅的水层，生物自躲藏的栖处出现。一只幼鲨急匆匆地赶往较深的水域，小小的蟾鱼在一丛鳗草中盲目推挤，在不速之客脚下发出大声的抗议——抗议入侵者立足在它这个人类很少侵入的世界。一只壳上有明显黑色螺纹的海螺，伸出色泽相配的黑足和黑色的吸管，这是一只黑线旋螺。它迅速滑过海底，在沙上留下一条清晰的痕迹。

这里到处都长满了海草，它们是冒险探入咸水的开花植物的先锋。它们扁平的叶片由沙中伸出，根部盘结交错，使沙质海底更加稳固。在这样的沼泽区，我发现了居住在沙中奇特的海葵。海葵由于构造和习性，需要坚固的支撑，才能把触手伸入海中觅食。在北方（或任何海底坚实之处），它们紧抓石头，而在这里，它们向下伸入沙内，直到只剩触手冠留在沙表为止。

沙海葵借着收缩吸管朝下的一端，顺势下推，挖掘洞穴；接着，一阵缓慢的扩张性的波动朝身体上方移动，于是这个生物没入沙中。看到柔软的触手丛在沙中如花朵般绽放，是非常奇特的景象。海葵似乎永远属于岩石，然而，它们埋藏在坚实的沙中，无疑和缅因州潮池壁上绽放的羽状海葵一样安全。

在浅滩四周，海藻覆盖处，羊皮纸虫的两道管状"烟囱"微微露出沙面。虫身总是在地下，U形管内较窄的那端负责与海洋接触。它躺在管内，运用扇状身体的突出部分，让水不断地通过它的黑色通道，带入微小的植物细胞（这是它的主要食物），同时带走它产生的废物，在繁殖期也带走精子和卵子。

除了一小段在海洋度过的短暂幼虫时期之外，羊皮纸虫就这样过了一生。幼虫很快就不再游动，变得迟钝缓慢，定栖在海底。它们在此四处攀爬，也许可以在沙上波纹凹处的硅藻之间找到食物。它们四处爬动，留下了黏液构成的痕迹，也许再过几天，这些年轻的动物就开始制造覆有黏液的短小穴道，探入混着沙的深丛硅藻之中。这简单穴道的长度也许超过它身体的数倍，幼虫经由此穴道，把自己的突出物向上推，形成U形管；而所有后来的隧道都是这个管子的重塑和延伸，以容纳它成长的身体。蠕虫死亡之后，空管子由沙层冲出，在海滩的废弃物中处处可见。

有一段时间，几乎所有的羊皮纸虫都会招来房客——豆蟹（豆蟹的亲缘种则居住在幽灵虾的洞穴内）。这样的关系通常将持续终生。源源不绝的水流带来食物，年幼的豆蟹受到含有食物的水流的吸引，爬入了蠕虫的管道内，但不久就长得过大，无法由窄小的出口离去。其实蠕虫本身也并不离开它的管道，虽然我们偶尔可以看到一两只头或尾部再生的样本——无声地说明了它曾探身出去，引来了过往的游鱼或蟹，而面对这样的攻击，它毫无防御之力，唯有在受扰时通体遍布的蓝白光芒，还稍能吓阻敌人。

突出沙洲表面的其他小小烟囱，属于多毛虫——巢沙蚕。这些虫单独存在，而非成双成对。它们奇奇怪怪地装饰着贝壳或海草碎片，欺瞒我们的肉眼，其实管道的开口有时可延伸至沙下三英尺，这样的装饰或许也能迷惑天敌的眼睛吧！然而，要搜集黏附在它管道上的所有暴露的物质，蠕虫得暴露几英寸的身体。就像羊皮纸虫一样，蠕虫在饥饿的鱼吞食了它部分身体之后，其组织也能够再生，作为一种防御。

潮退之际，处处可见大蛾螺在水中滑动，搜寻猎物——埋在沙中的蛤类，这些蛤把海水的水流吸入体内，由其中过滤微小的植物。然而蛾螺并非漫无目标地搜寻，灵敏的味觉引导它们找到蛤类吸管出口处涌出的隐形水流。这种味道可能帮助他们找到肥硕饱满得连壳都无法遮住肉的粗壮的竹蛏；也可能找到双壳紧闭的硬壳蛤。但这难不倒蛾螺，它们可以用腹足抓住蛤，利用肌肉收缩，以自己的大壳重重地敲击。

生物循环——物种之间的密切关联，在此依然可见。在海床上的阴暗小洞中，蛾螺的天敌生存其间。拥有庞大紫色身躯、鲜艳大螯的石蟹，能够一片一片地击碎蛾螺的壳。石蟹躲藏在防波堤的石头洞中，藏身于贝壳岩被腐蚀而产生的洞中，或居住在诸如旧的废弃汽车轮胎等人造房屋中。在它们的洞穴周遭，就像传说中巨人的居处附近，散布着猎物的残骸。

纵使蛾螺能逃过这一劫，也免不了空中敌人的侵袭。大批海鸥飞来这片沙洲，它们虽然没有大螯以压碎猎物的硬壳，却继承了智慧，懂得以其他方法捕捉猎物。海鸥找到暴露的蛾螺，把它带到空中，看到平铺的路面或海滩之后，就向上高飞，把猎物朝下一扔，接着赶紧朝下飞去，在碎壳之中捡拾宝藏。

回到浅滩，我看到一只扭曲的环状物，从沙滩上螺旋而下，越过绿色海底沟壑边缘，像一条坚韧的羊皮纸绳，上面扎了许多小小的荷包形囊鞘。这是雌蛾螺的卵串，因为刚好是六月，正是它产卵的时候。我知道在这些卵囊之中，神秘的创造力量正在运作，制造成千上万的蛾螺宝宝。其中只有数百只能够由囊壁的薄圆门中冒出，每只都是小巧的生物，位于和它双亲一样的迷你壳中。

海浪从开阔的大西洋涌来，既没有离岛，也没有蜿蜒的峡湾，难以抵挡波涛对海滩的冲击。因此，高低潮线间的地区，就很难容生物生存。这是一个充满力量、变化且不断运动的世界，连沙都蕴含了水的流动性。这些暴露的海滨少有生物栖息，唯有最特殊的生物，才可能生存在巨浪侵袭的沙滩上。

　　生活在开阔海滨的动物通常体型很小，动作迅疾。它们的生活方式非常奇特，每个拍岸的浪头既是它们的朋友，又是它们的敌人；虽然海浪带来食物，但回卷之际，也威胁着要把它们带回汪洋之中。这些动物唯有借着持续不断地迅疾挖掘，才能确保在湍急的海浪和流动的沙中寻觅浪头带来的丰盛食物。

　　这其中最成功的是鼹蟹，这种用网高手甚至能由大浪中捕得微形生物为食。大群的鼹蟹生活在浪头拍岸之处，随着涨潮涌向海岸，亦随着退潮回归海洋。潮水上涨之际，整床的鼹蟹几次改变了位置，再一次深入沙滩，挖掘更佳的觅食场所。在这个壮观的群体运动中，沙滩地区突然起了泡泡，因为这些鼹蟹就像鸟儿齐集、鱼儿共聚巡游一般，以一致的奇特行为，在浪头扫过之后，同时都由沙中冒出头来。它们被湍急的水推上沙滩，接着，随浪头力量的减弱，借尾部附肢的回旋运动轻轻松松地深入沙中，退潮之际，鼹蟹也同样以几个阶段的过程，回到低水位。偶尔有几只鼹蟹不幸徘徊过久，被潮水甩在了背后，这时，它们就会向下挖掘几英寸，抵达湿沙处，等待潮水回涌。

　　这些小甲壳动物如其名，平坦如爪的附肢，的确有鼹鼠般的特性；它们的眼睛不但小，而且几乎毫无作用，就像其他居住在沙中的生物一样，这些鼹蟹依赖的不是视觉，而是有许多刚毛的极端敏锐的触感。不过，若非它那如羽状的长卷触须，甚至能够捕捉最微小的细菌，鼹蟹就不可能成为大浪中的渔人。

　　鼹蟹在准备捕食的时候，后退至湿沙中，只露出口器和触角。虽然它面对海洋，却并不在大浪袭来时猎食，反而等待着浪潮在沙滩上耗尽力气，退向大海时猎食。当海浪高仅一两英寸时，鼹蟹便把触角伸入涌来的潮水中"垂钓"一阵，再把触角经由口器四周的附肢处缩回，取下捕得的食物。再一次地，这个行动展现了非常奇特的群体行为，一只鼹蟹伸出触角之后，同一栖地所有的鼹蟹也都立刻依样"画葫芦"。

　　如果恰巧涉水走过满是鼹蟹的沙滩，看到整个沙滩充满生气的活泼景象，将是很美妙的体验。前一刻好像还是没什么生物的不毛之地，转瞬间，后退的浪潮向海洋涌去，沙滩如薄薄的液态玻璃。接着，成百上千小矮人似的小小脸庞浮现，探出沙床。珠子般的眼睛，有须的面孔长在几乎无法和背景相分辨的身体上，让人难以辨识。而几乎同一时刻，这些小脸庞也同时缩回不见，好像一群隐士暂时由隐身的世界探出帘外，又突然退回其中，直教人恍惚，以为

什么都没有看到，唯有流动的沙，和冒着泡沫的水在回应着这个神奇世界的召唤。

因为鼹蟹搜寻食物的活动离不开海滨，所以它们同时暴露在陆、海两个世界的天敌之下——在湿沙中捞捕的鸟儿、随潮水而来的觅食的鱼儿、冲出海浪捕捉它们的蓝蟹。因此，鼹蟹在海洋中，是水中小食物和大型肉食掠食者之间的重要联结。

即使鼹蟹可以逃过在高低潮线之间觅食的大型生物的捕捉，它们的生命也不长——只有一个夏天，一个冬天，再一个夏天。鼹蟹的生命，由母蟹携带了数月的橘色卵块展开，卵块紧附在母蟹身下，孵化为幼虫。随着孵化时间的迫近，母蟹停止了和其他螃蟹一起在沙滩上的觅食行为，而停驻在低潮区，避免幼蟹孵化出来，却搁浅在上层沙滩的危险。

幼体破膜而出之际，就和其他的甲壳类幼体一样，大头、大眼、通体透明、身上长满奇特的刺。这时，它是一种浮游生物，对沙中的生活一无所知。它一边成长，一边蜕皮，摆脱幼体阶段的外壳。最后成长到一个阶段，虽然这时它仍然如幼虫般靠着有刚毛的腿来游泳，但它能在动荡的冲浪区寻找底部，在那里，波浪搅动并释出沙子。到了夏季结束之际，它再蜕一次皮。这一次它进入了成熟阶段，开始成年鼹蟹的觅食行为。

鼹蟹在漫长的幼体阶段，都随着潮水往岸上做长途旅行，因此最后抵达岸上（如果能幸存）之时，往往离双亲栖息的沙地相当远。在太平洋沿岸，强烈的表面潮流朝海涌去，马丁·强森（Martin Johnson）发现大量的鼹蟹幼体被带到深海中，有一些注定会死亡，除非它们能够找到回涌的潮流。由于幼体的生命期很长，有些小鼹蟹甚至被带到离岸两百英里处，也许随着大西洋海岸的沿岸盛行海流，会被带得更远。

冬日来临，鼹蟹依然活跃。在它们生活区域的北部，霜深深地封住沙层，冰也凝结在海滩上。它们离开低潮区到更远处过冬，待在深达一英寻以上的潮水中，隔绝了寒冷的空气。春季是交配的季节。到了七月，前一年夏天孵出的大部分雄蟹都已死亡，母蟹抱卵数月，等待小蟹孵化出来。到了冬日，所有的母蟹也都死亡，唯有下一代生存在海滩上。

在潮水扫过的大西洋海滩，在高低潮线间活动的另一种生物是微小的斧蛤。斧蛤的一生总是忙忙碌碌、动个不停。它们被海浪冲出之后，必须用强健的尖足作铲子，再度挖掘钻入沙中，以求稳固的支持。之后，平滑的壳迅速地被拖入沙中，一旦稳稳地埋入之后，蛤就伸出它的虹吸管，进水虹吸管的长度大约与壳体一样长，突然张开管口，于是，被海浪带入和被海浪搅动的硅藻以及其他食物就会被吸入管内。

斧蛤和鼹蟹一样，数十、数百、成群结队，沿着沙滩上下移动，或许是为了寻找最适宜的水深。接着，蛤类冒出洞穴，随波逐流，沙滩上便闪耀明艳的贝壳的颜色。有时，也有其他的掘穴生物随斧蛤在波浪中移动——一群群螺旋壳体的小小锥螺，这是以斧蛤为食的肉食螺。此外，还有天敌海鸟——环嘴鸥也不停地在浅水中挖掘，搜觅蛤类。

不论在哪一个海岸，斧蛤只是短暂的过客。它们在沙滩上辛勤工作，探寻其内蕴藏的食物，接着继续向前行进。海滩上那些色彩斑斓、形如蝴蝶，饰有缤纷条纹的美丽贝壳，可能只是斧蛤从前的栖息地。

唯有在潮水反复拍岸深入最远处之际，海滩的高潮区才偶尔短暂地被海水浸润，因此它本身既是陆地，也是海洋。这个过渡、转换的特质不只限于在海滩上方的实体世界，同时也发生在居住其间的生物之中。也许潮水涨退使潮间动物逐渐有了转变，能够脱离海水而生活，也许这也是此地区有许多既不属于陆地，也不完全属于海洋生物的原因。

沙蟹，苍白如它所栖的高处沙滩的白沙，几乎可算是陆地生物。它的洞穴经常远在海滩开始形成沙丘之处，然而它不呼吸空气；它随身携带一丁点的海水，存放于鳃四周的鳃室内，偶尔还得回到海洋中，补充水分。另外，它还有象征性的回归海洋仪式。每只蟹都是以小小的浮游生物形式开始了生命，成熟之后，到孵卵繁殖期，雌蟹也都得再回到海洋，释出幼体。

　　若非这些必要的过程，成年蟹的生活就会像真正的陆地生物一样。但它们每天总得在一段时间内，爬到海水下，润湿自己的鳃，以和海洋最少的接触，来达到它们的目的。它们并不直接进入海中，而是依据当时的情况，占据比浪头略高之处。它们侧面向着海洋，以靠着陆地那端的腿抓住沙粒。游过泳的人一定知道，偶尔一定会有较大的浪头袭来，接近更上部的沙滩。沙蟹等待着，好像它们也知道这点似的。在被这样的浪头淋湿之后，它们便又回到上层的海滩。

　　不过，它们并非永远都如此小心翼翼地与海洋接触。我心中一直有幅景象：一个狂风暴雨的十月天，一只沙蟹在弗吉尼亚海滩上的某株海燕麦的茎上，忙着把它似乎是由茎上采下的食物塞入口里，它用力咀嚼，愉快地进食，完全无视身后呼啸的大海。突然，大浪的泡沫滚滚而下，使沙蟹自茎秆上滑落，和茎秆一起滑到湿海滩上。任何一只沙蟹，如果被人类紧追，走投无路时，它就会一头冲入海浪中，有点"两害相衡取其轻"的意味。这时候它们不游泳，而是在海底步行，直到警报解除，才会再爬出来。

　　虽然在阴霾，甚至少数阳光普照的日子里，沙蟹偶尔会成小群地外出，但它们其实是夜晚海滩上的头号猎手。借着低垂的夜幕的掩护，它们鼓起白天所没有的勇气，大胆地群集在沙滩上。有时，它们在接近水线处挖掘临时的坑穴，守株待兔，等着海水送来食物。

在每只沙蟹短暂的一生中，都具体而细微地上演着海洋生物爬上陆地的物种演化的剧目。沙蟹的幼虫一如鲎蟹的幼虫一样，是海洋性的，一旦从母蟹生成的且充气的卵中孵化出来，就成为浮游生物群的生物。小蟹在潮流中漂流，为配合身体的成长而蜕几次皮；每次蜕皮，它的形体就会有些细微的变化，最后终于达到了称为"大眼幼体"的幼体阶段。这是一种象征沙蟹种族所有命运的形式，这种单独漂浮在海中的小生物，必须遵循任何本能的驱使，朝海岸漂去，也必须在海滩上成功登陆。漫长的演化历程使得它适应了它的命运，如果和其他近亲相比，便可以看出其身体构造非常特别。

研究各种不同沙蟹幼虫的乔斯林·克莱恩（Jocelyn Crane）发现，它们的角质层又厚又重，身体也圆滚滚的；它们的附属肢有沟槽纹理，以便弯折下来紧紧地贴住身体，一只挨着另一只。在进行登陆的冒险行为中，这些身体结构的适应与改变能够保护幼蟹，使它们安度海浪的重击和沙粒的刮磨。

幼蟹抵达海滩后，会挖个小洞，可能是为了避免海浪的冲击，也可能是当作蜕皮为成蟹时的庇护所。从这时起，幼蟹的生活逐渐往更高的海岸移动。在它还小时，会在湿沙上挖掘洞穴，让潮水覆盖其上，长到半大的沙蟹会在高潮线之上挖掘洞穴；完全长成的沙蟹则会进入沙滩上层，甚至在沙丘之中掘洞，达到这个物种登陆的最远地点。

在沙蟹栖息的任何海岸，它们的洞穴依洞主的习性，以每日、每季不同的韵律出现和消失。夜里，洞口敞开，沙蟹外出觅食。黎明时分，沙蟹回到洞穴中，但它们究竟是回到自己原来的洞里，还是就近选择一个方便的洞栖身，则不能确定。这个习性可能依地点、沙蟹的龄期以及其他条件的变化而不同。

大部分的穴道，都是以大约45°角伸入沙中的简单斜井，其末端是扩大的洞穴，少数有附带的竖坑，由洞穴通往地表。若有敌人（例如，具有敌意的大螃蟹）由主坑道入侵，附带的竖坑就可以作为紧急出口。这些竖坑几乎和沙表垂直，离海水的距离比主通道更远，可能直通沙表，也可能不通。

一大清早，沙蟹就忙着修补、扩大、维护当天要使用的坑道，从通道中拖拉沙粒出洞的沙蟹总是侧身出现，把沙装在身体后侧的脚下，就像包裹一样。有时一抵达洞口，它们就用力地抛出沙粒，然后闪身回洞；有时它们还会带着沙走远一点，再将之卸下。通常，沙蟹把洞穴装满食物之后，便退隐入洞，而几乎所有的沙蟹都在中午时分封闭洞口。

整个夏天，沙滩上出现的洞都遵循这种昼夜模式。到了秋天，大部分的沙蟹已经向上移到潮水侵袭不到的干沙滩上；它们的洞穴更深入沙地，仿佛洞主也感受到了十月的凉意。接着，非常明显地，沙质洞门被封住，直到春天才会再打开。整个冬季，沙滩上见不到沙蟹或洞穴的任何踪迹；由一毛钱硬币大小的幼蟹到完全长成的蟹，全都消失得无影无踪，想必是进入冬眠了。然而，在四月的艳阳天里走在海滨，就可以看到处处有敞开的洞穴，而穿着耀眼春装的沙蟹也很快地现身在洞口，试探性地在春日的阳光下支起蟹腿。如果空气中还有丝丝凉意，它会立刻缩回洞中，关起洞门。然而季节已经变了，栖息于整片上层海滩上的沙蟹，纷纷从沉睡中醒来。

人称沙蚤或沙跳虾的片脚类动物，也像沙蟹一样，展现了进化的戏剧性时刻。这种生物在此际抛弃了原先的生活方式，以崭新的方法生活。它的祖先原本生活在海洋中，而如果我们推测正确，它遥远的后代却会栖息在陆地上。它现在则正处于从海洋生活转变到陆地生活的中间阶段。

就像所有正处在转变期的生物一样，它所面临的生活中有许多奇特的矛盾和冲突。沙蚤已经前进到海滨上方，它的困境是，它被海洋束缚，正是这些赋予它生命的因素在胁迫它。显然，它绝非自愿入海；它不但不会游泳，而且如果浸在水中太久，还有溺毙之虞。然而，它需要湿润，也可能需要海洋沙子的盐分，因此，它摆脱不了海洋世界。

沙蚤的运动遵循着潮汐和日夜交替的韵律。在暗夜的低潮时期，它们漫游远至潮间带觅食，小口小口地咬下海白菜、鳗草或巨藻，小小的身躯随着咀嚼的动作而摇摆。它们在潮线的残留物中，发现还带着肉的小块死鱼或螃蟹壳，海滩因此被清扫干净，磷、氮和其他矿物质则从死的生物中回收，供活的生物再利用。

　　如果夜间低水位退得比较迟，这种端足目动物就会持续觅食，直到黎明。然而，在曙光染晕天空之前，所有的沙蚤都爬上沙滩，到高水位区，每只都开始挖掘洞穴，躲避白天的涨潮。它们工作迅速，把沙粒从第一对足传到后面的一对足，直到第三对胸足，把沙堆在身后。偶尔，这个小小的挖掘者猛地把身体伸直，堆积起来的沙一下子全都被挤出洞口。它在通道壁上非常努力地工作，用第四和第五对足支撑自己，接着转身在对面的壁上工作。这种生物相当小，腿足看起来非常脆弱，但也许不到十分钟，通道就已经掘成了，洞穴的末端也挖出了一间密室。如果由最深的深度来看，可以把这样的工作量比拟为一个没有任何工具的劳工，光凭双手就掘出了深60英尺的洞穴。

　　挖掘工作结束后，沙蚤回到洞口，测试由竖坑深处的土堆积构成的入口的安全性，它可能由洞口伸出触角探索感觉，并把更多的沙粒拉入洞中，最后才蜷曲身体躲藏在舒适幽暗的洞穴之中。

　　潮水高高涨起，拍岸的浪头和涌向海岸的潮水可能会涌入岸边洞穴，向下触及这些在洞穴中的小生物，警示它必须待在洞里，以避免海水和随之而来的种种危险。不过，到底是什么引发它们自我保护的本能，让它们避开阳光以及在沙滩上翻掘觅食的海鸟，则较难了解。在深深的洞穴之中，日夜难分，然而沙蚤不知为什么就是有办法分辨。它躲藏在洞穴之中，直到两个必要的条件同时出现——黑暗和退潮，于是它从睡梦中苏醒，爬上长长的竖坑，推开沙门。再度出现在它面前的是黑暗的海滩和潮水边缘正向后退却的白色泡沫，标示出它猎食场地的界限。

每个经历千辛万苦挖掘出来的洞穴，都只供作一宿，或一次潮水间隔的庇护所之用。每次低潮觅食后，沙蚤会再为自己挖一个新洞穴。我们在上层海滩看到的洞口，其实是通往空的巢穴，洞主已经离开了。如果沙蚤还留在巢中，洞"门"就会封闭，因此，我们很难探测出它的位置。

在海滨的沙之缘，可以看到受屏障的海滩和沙洲上有着丰富的生物，亦可看见已抵达高潮线，只待时空相宜便入侵陆地的先锋；而惊涛拍岸处的生物则稀稀疏疏。

然而，沙地上也记录了其他生物的痕迹。海滩上散布着薄薄一层废弃物——是由潮流送到岸上的海中漂流物。这是构造奇特的织品，由风、浪和潮流不知疲倦地编造而成。材料供应源源不绝，陷在已经干枯的海草类和海草之间的，有螃蟹的螯和海绵的碎屑，破碎的软体动物的贝壳，覆满海洋生物的老旧木柱、鱼骨和海鸟的羽毛。编织者使用现成的材料，而网子的图样由北至南逐渐地变化。它反映出海洋底部究竟是滚动的沙坡，抑或是如岩石般的珊瑚礁；它巧妙地暗示了温暖的热带洋流的逼近，也叙述着寒冷的海水由北方入侵。在海滨的垃圾和残留物之间，活的生物虽然不多，但有迹象暗示有百万、一亿以上的生命存在于附近的沙中，或从遥远的海上聚集而来。

在海边漂浮物中，经常有来自开阔的海洋表面水域漂来的生物，提醒我们大部分海洋生物都是它们所栖息的海洋聚落的囚犯。当它们原居海域的浪舌，因为风、温度或盐度的变化，而伸入不熟悉的领域时，漂浮其中的生物也不由自主地随之往来。

几百年来，充满好奇心的人类在世界各地的海滨漫步，许多人们原本不识的海洋生物，都是由开阔的海洋漂流到海滨高低潮线上，才被人们发现。俗称"羊角螺"的卷壳乌贼就是辽阔海洋和海岸之间的神秘关联之一。多年来，人们只看到卷壳乌贼小小的白色螺旋形的壳，形成两三个宽松的螺圈。对着光看，可以发现它分隔成室，但看不见制造和栖息其中的生物的踪迹。到了1912年，终于发现十来只活标本，但依然没有人知道这种生物究竟生存在海洋的哪块领域。之后，约翰内斯·施密特（Johannes Schmidt）开始了鳗鲡生命史的经典研究。他往返大西洋，在不同的海洋深度——从海平面一直到永远漆黑一片的深处，拖曳浮游生物网。随着他寻觅如玻璃一般透明的鳗苗而来的，还有其他生物，其中就有许多卷壳乌贼的标本，它们来自不同的深度（甚至深达一英里的海水里）。它们数量最多的地区约在900英尺至1500英尺深之间，可能成群结队出现。它们是类似乌贼的小东西，有10只足和圆筒状的身体，上有如推进器的鳍，如果把它们放在水族箱里，可以看到它们以喷不稳定的射水流的方式做反冲运动。

这种深海动物的遗骸竟能漂到海滨残留物之中，似乎很神秘，但其实并不难理解。其壳非常轻，当生物死亡腐化之后，分解、腐化产生的气体可能把它送上海面。脆弱的壳由此开始在潮流中缓慢地漂流之旅，变成天然的"漂流瓶"；而最后的栖息地与其种类的分布无关，而是显示了潮流的路径。这种动物遍布深海，也许在大洋边缘急降到深渊的险坡上，数量最多，它们遍布全球各地热带和亚热带的水域。如今，这卷曲如羊角的小壳，让我们得以窥见侏罗纪，甚至更早年代的海洋中群集卷壳乌贼的盛况。除了太平洋和印度洋的鹦鹉螺，其他所有的头足动物不是放弃了它们的壳，就是把它们化为内在的遗迹。

有时候，在潮水遗迹中，会出现薄如纸张的贝壳。在其白色表面可以见到棱纹图案，就像潮水在沙上刻画的棱纹一样。这是船蛸的壳。船蛸是和章鱼有远亲关系的生物，它和章鱼一样有8只足，生活在大西洋和太平洋中。它所谓的"壳"，其实是雌体分泌出来的卵壳或摇篮，用来保护幼虫。这是一个和身体分离的结构，可容雌体任意进出。雄性的体形较小（约是其配偶的1/10），不会分泌壳。它以头足动物特有的奇怪方式让伴侣受精，一只满载着精原细胞的臂断裂，进入雌性体内的外套腔中。

有很长的一段时间，科学家根本无法辨识这种生物的雄性个体。19世纪初，法国生物学家加维耶（Cuvier）虽然常常见到这样的断臂，却不知它从何而来，以为这是另一种独立的生物，也许是寄生虫。船蛸并非霍姆斯（Holmes）著名诗中的鹦鹉螺或珍珠鹦鹉螺，虽然它们也是头足生物，但属于另一个不同的种类，且有外套膜分泌真正的壳。它居住在热带海洋，就像卷壳乌贼一样，是中世纪海洋的大型螺旋壳软体动物的子孙。

风暴从热带海域带来了许多漂流物。我曾在北卡罗来纳州的纳格斯海德见到美丽的紫螺，虽有意购买，不过小店的店主拒绝把她唯一的标本卖给我。我理解她这样做的原因，她告诉我，她是在飓风之后于海滩上捡到这只活的紫螺的，奇妙的是，它的浮囊依然保持完整，周围的沙因这只小动物竭尽所能地保护自己而被染成一片紫色。后来，我发现了一个空壳，如羽毛那般轻盈，落在基拉戈珊瑚岩的低地。这是和缓的潮水送来的。我没有在纳格斯海德所见的那位朋友那般幸运，因为我没有见到过活的紫螺。

紫螺是一种远洋螺类，漂流在辽阔海洋的表面，悬在一团泡泡筏上。这团泡泡筏由它所分泌的黏液形成，黏液包住气泡，接着硬化为坚固而透明的物质，如硬玻璃纸。到繁殖季节，紫螺把卵囊紧紧固定在泡泡筏的下侧，这团泡泡筏能让幼虫漂浮在海面上整整一年。

　　就像大部分的螺类一般，紫螺是肉食性的，以其他的浮游生物为猎物，包括小水母、甲壳类，甚至小小的鹅颈藤壶。

　　偶尔有海鸥从空中俯冲下来，抓走一只，但大多数时候，泡泡筏其实是很好的迷彩掩护，和漂浮的浪花几乎没有区别。一定还有其他敌人来自海面下，因为紫螺的贝壳（挂在泡泡下）是由蓝到紫的色调，海洋表层和附近的生物也有这种颜色，因为它们得隐藏自己，逃避敌人由下而上的视线。

　　在强烈的北向墨西哥湾流表层，有一支支活生生的"舰队"，它们是开阔海域特有的腔肠动物——管水母。由于逆风和潮流，它们偶尔会来到浅滩，并搁浅在此，这在南方最常发生。但新英格兰南部海岸也经常收到墨西哥湾流带来的漂流生物，因为南塔克特岛的西部就像陷阱一样，让它们身陷其中。几乎人人都能由这些漂浮物中，认出美丽的僧帽水母蔚蓝的帆，因为任何在海滨漫步的人，都不可能错过这样显眼的物体。紫色的帆水母却很少有人知道，也许是因为它体积较小，也或许是因为它一旦留在海滩上，就会迅速干涸，无法辨识。两者都是热带水域的典型生物，但借着温暖的墨西哥湾流，它们可能一路越过大洋，直抵大不列颠的海岸，曾经有几年，它们大量出现在这里。

活着的帆水母，其椭圆形的伞体呈现出美丽的蓝色，有一个凸起的冠或帆斜切其上，圆盘长约一英寸半，宽是长的一半。这不是单独的个体而是多个个体组合而成的生物，一群结合在一起难以分离的生物，是由同一个受精卵发育而来的多个个体的组合体。各个个体各司其职，负责觅食的个体悬挂在浮囊中间，小小的繁殖个体群集围绕在其周遭。在漂浮物的外缘，则有长触手的觅食个体悬挂下来，捕捉海上的小鱼苗。

横渡墨西哥湾流的船只偶尔可以看到一整群僧帽水母，风和潮流的移动把它们成群成簇地带到这里来。在数小时或数天的航行中，总是会见到这些僧帽水母。如果朝清澄的水下看，其浮囊或帆斜跨底部，可以见到浮体下拖着长长的触手。僧帽水母就像小小的拖网渔船，只是它的网更像一组高压电线，任何鱼或小生物如果不幸触及这些电线，只要一下，就会致命。

僧帽水母真正的本质让人难以掌握，学者也还不明白其生理。然而，它和帆水母的情况一样，看起来好似一只生物，其实却是一群可以各自独立生存的不同个体。浮囊和基底应该是同一个个体，而每只触手则是另一个个体。捕捉食物用的触手，在体形大的个体身上可以延伸四五十英尺，其上密密麻麻地长满了刺细胞，这些细胞会射出毒素，因此，僧帽水母是所有腔肠动物中最危险的一种。

在海里游泳的人，只要掠过这种水母的触手，就会产生火辣辣的鞭痕，而受到严重蜇伤便难以幸存。这究竟是什么毒素，还不得而知。有些学者认为，可能有三种毒素一起作用：一种造成神经系统的麻痹；另一种影响呼吸；还有一种造成极端的衰竭，如果剂量大，甚至会造成死亡。在僧帽水母数量多的地区，泳客早已学会对这种生物敬而远之。在佛罗里达海岸的一些地方，墨西哥湾流非常接近海岸，许多腔肠动物也都因朝岸上吹的海风而漂到海岸上。劳德代尔等地的海上防卫队在张贴潮汐和水温的数据时，通常也会把近岸有多少僧帽水母的相关信息纳入其中。

刺细胞毒液的毒性极强，因此，要找到一种不受此毒伤害的生物是相当难的。但就有一种小鱼——双鳍鲳，它总是藏在僧帽水母的身影下，从没有在其他的环境下出现。它在僧帽水母的触手之间穿进穿出，毫发无伤。它可能是在其下躲避敌人，同时也以引诱其他的鱼到附近作为回报。但它自己的安全怎么办呢？它是否能对毒素免疫？抑或它过的是极端危险的生活？多年前，曾有日本学者报告说，双鳍鲳其实正小口小口地咬下蜇人的触手，它们借这种方式使自己逐渐习惯微量的毒素，因此获得免疫力。但后来又有研究人员认为，这些鱼根本没有免疫力，它们能活着，只能说是幸运。

其实，僧帽水母的气囊或帆，填满了气腺分泌出来的气体，这些气体的主要成分是氮气（85%~91%），少量氧气，还有一丝氩气。虽然有些管水母可以在海水波涛汹涌之际，放掉气囊里的气，沉入深海，但僧帽水母显然不能。然而，它对气囊的位置和扩张的程度却能有所掌控。

我曾发现一只中型的僧帽水母，搁浅在南卡罗来纳州的海滩上，我把它放在盐水中过了一夜，再试着把它放回海中。在退潮之际，我涉水走过三月沁凉的海水，因为畏惧它的蜇刺，而把它放在水桶里，然后远远地把它掷入海中。上涌的波浪一再地追赶它，把它送回浅滩上，但它总能再度出发，有时候借着我的协助，有时候则没有。我可以很清楚地看到它随着自南方吹来，拂上海滨的风，调整帆的形状和位置，轻快地在水面上滑行，有时它能够顺利地登上涌来的潮水，有时它会被卷入其中，在越来越稀少的海水中推挤碰撞。但不论是面临挫折，或享受暂时的成功，这只生物都没有任何消极的态度，仿佛充满了坚强的意志。它不但不像漂浮物那般随波逐流，反而像竭尽所能想要控制自己命运的生物那般尽力挣扎。我最后一次见到它时，一片小小的蓝帆远远地搁浅在海滩上，朝向海洋，静待着再度起航。

海滩上有些弃物反映出表层海水的模式，有些则清楚地呈现了近海海底的本质。从新英格兰南部到佛罗里达海角之间，数千里的大陆海滩都是绵延的沙岸；在宽度上，则由海滩上的干燥沙丘延伸到被海水淹没的大陆架。但在这个沙滩世界中，到处隐藏着岩石区域。其中一个沉浸在南北卡罗来纳州的碧波之中，是零星散布的珊瑚礁和暗礁，时而在岸边，时而远在墨西哥湾流的西缘，渔夫称它们为"黑岩石"，因为黑色的鱼群聚集在当地。海图上虽标明"珊瑚"，不过，最近的珊瑚礁却远在数百英里外的南佛罗里达。

20世纪40年代，杜克大学的生物学者潜水探勘这些暗礁，发现它们并非珊瑚，而是一种称为"泥灰"的柔软土质岩石的外露部分，它们形成于数千万年前的第三纪中新世，埋藏在层层的沉淀物之下，被上涌的海水淹没。据潜水人员形容，沉没在水下的暗礁是较低的石块，有时候在沙上几英尺，有时则浸蚀到如岩石平台一般高，漂浮在水中的马尾藻生长在其中。其他海藻则在深深的裂缝中找到依附点。岩石上布满了奇特的海生动植物。石珊瑚藻（其近亲把新英格兰低潮岩石染成一片深玫瑰红色）镶嵌在开阔的珊瑚礁高处，并填满其内部。大部分的珊瑚礁上都覆盖着一层厚厚的、蜿蜒扭曲的石灰管——这是活着的海螺和造管蠕虫的杰作，在古老的岩石上形成一层石灰质。多年来，海草累积、海螺和蠕虫的管状物也一点一点地增加，附着在珊瑚礁之上。

在珊瑚岩石未被海藻和蠕虫管附着的地方，钻孔软体动物——

海枣贝、海笋和小钻孔蛤，全都钻透了这个地方。它们钻出孔洞以供栖身，并以水中的微小生物为食。由于暗礁稳固的支撑，彩色的花园在一片单调乏味的流沙和淤泥中绽放。橙、红和黄赭色的海绵把它们的枝伸到漂流过珊瑚礁的潮流之中，脆弱而纤细的水螅枝芽由岩石和苍白的"花朵"中冒出，某个季节来到的时候，微小的水母便游了出来。柳珊瑚看起来就像是黄橙相间的蒿草。另外，这里还有如灌木般的苔藓动物或苔藓虫，其枝状坚韧呈凝胶状的结构，包含了数千微小的水螅，它们全都伸出长有触手的头觅食。这种苔藓虫经常在柳珊瑚附近生长，如灰色的绝缘体一般，围绕着色泽黯淡、如金属丝般的线芯。

要不是这些暗礁，此处的所有生物都不可能生存在这个沙岸。但由于地质史上的变化，古老的第三纪中新世岩石，如今由浅海床中冒出头来；这些漂浮在潮流之中的浮游幼虫，也终于有机会结束它们的漂泊，寻得永远的避风港。

每次暴风雨过后，在如南卡罗来纳州的美特尔海滩，总可以看到珊瑚礁上的生物出现在潮间带的沙滩上。它们的出现是由于近海深处急流的作用，海浪侵入海底，扫过那些自几千年前沉入海底后便再也没有被海浪拍打过的岩石。如今，波涛向下猛烈地扫掠古老的岩石，驱散许多固着其上的生物，也卷走了许多没有牢牢依附的动物，把它们带到陌生的沙岸底部的世界，带到越来越浅的水域，直到它们底下再也没有水，只剩下沙岸的沙。

在东北风暴之后，我顶着刺骨的风漫步海滨。海浪一波波地向地平线涌来，整片海洋是冰冷如铅的色调。活跃其间的，是岸边成块的艳橘枝状海绵，以及其他小块的绿色、红色、黄色海绵，透明闪亮成块的橘色、红色或灰白色的海鞘块，如马铃薯般呈节瘤状的海鞘，以及依然紧紧抓握着柳珊瑚分枝、活的珍珠贝。也曾出现过活的海星——栖息在岩石上，是暗红色的南部岩栖海盘车。还有一次，海浪把章鱼卷来，抛在湿沙上，但章鱼还活着。我助它回到浪中，它立即疾走而去。

在美特尔海滩上经常可以见到古代的暗礁残片，这样的残片一定也会浮现在外海有类似暗礁的地方。泥灰岩是暗灰色如水泥一般的岩石，其上满是软体动物钻出的孔，有时还留着空壳。钻孔生物为数众多，教人不由觉得，想在海底的岩石平台上争取一英寸坚实的表面，竞争势必非常激烈，还有多少幼虫找不到立足之地呢？

另外一种出现在沙滩上的"岩石"，有不同的大小，数量可能比泥灰岩多。它的结构宛如蜂窝太妃糖，其内布满了弯弯曲曲的小通道。我们第一次在海滩上见到这样的物体，尤其当它半埋在沙中之际，总以为它是一种海绵，直到最后才证实，它竟如岩石一般坚硬。然而，它并非矿石，而是由许多头长触须、体色漆黑的小小海虫所组成。这些虫聚集起来生活，在它们的周遭分泌石灰质的基质，硬化之后便如岩石一般坚实。它可能厚厚地覆盖在暗礁上，或是堆积在岩石海床上，形成坚硬的石块。这种特别的"虫岩"从未在大西洋岸被发现，直到奥尔加·哈特曼博士（Dr. Olga Hartman）从我在美特尔海滩上采集的样本中，辨识出"钙珊虫的一种建造细胞间质的生物"，其近亲生活在太平洋和印度洋中。这个特殊的物种是如何、何时抵达大西洋的？其生存的范围有多广？这些问题都有待解答，它们只是一个例子，说明我们的知识有限，而求知的窗户面向未知的世界。

在海滩上方，除了潮水每天两次涨退之际，沙变干了，然后它们必须承受极度的高热，干透的沙子成了不毛之地，不能吸引生物，也无法容许生物存在。干燥的沙粒相互摩擦，风抓住了它们，把它们赶上沙滩，在海滩上方形成一层薄雾。风吹沙的切面在浮木身上打磨出银色的光泽，磨亮了废弃树木的老枝干，也鞭打着在海滨筑巢的鸟儿。

虽然这个区域本身罕见生命，却充满了其他生物的遗迹，因为就在高潮线之上，可以见到来此栖息的所有软体动物的空壳。看一看北卡罗来纳州的沙克福特浅滩，或是佛罗里达州的萨尼贝尔岛，不禁让人以为，软体动物是沙之缘唯一的生物，因为较脆弱的螃蟹、海胆和海星的残骸都已经化为尘土，唯有它们的遗骨在海滨残屑中经久不衰，数量最多。首先，它们的壳被海浪低抛在海滩上；

接着，随着一波波的海潮，它们被送上高处，越过沙滩，到达高潮的最高点。它们将会在此停留，直到埋在浮沙之中，或是在暴风雨的狂欢中被卷走。

由北到南，贝壳堆的组成有所变化，这反映出软体动物群的变迁。在新英格兰北方的岩石中，每个聚在合适地点的小小碎石沙凹地，都布满了贻贝和滨螺。每当我思及科德角，脑海中就浮现出不等蛤的壳轻轻地随潮水移动，薄如鳞片的壳（怎么可能容纳活的生物）闪耀着丝缎般的光泽。在海滨漂浮物中，较常看到拱起的上半壳，而较少见扁平的下半壳；下半部的壳上有穿孔，以容纳强健的足丝，好让这不等蛤依附在岩石或其他贝壳上。不等蛤的颜色是银色、金色和杏黄色，和北岸常见的深蓝色贻贝相映衬。沙滩上四处可见扇贝的条纹扇状壳和搁浅在沙滩上的小小白色单桅帆船似的舟螺。舟螺是一种螺，有一种改造过的外壳，在表壳下半部有小小的"半封闭隔板"。它经常依附在同伴身上，形成长串，一串六七个以上。每只舟螺一生中都是先是雄性后变成雌性。一整串舟螺中，在串的底部的总是雌性，而在上部的则是雄性。

在新泽西州海滩、马里兰州和弗吉尼亚州沿海的岛上，贝壳的结构，以及缺乏装饰用的刺状突起都意味着——离岸的流沙世界经常受拍岸中永不止息的波浪的起伏所扰，贝壳的厚壳就是它抵御波浪冲力的工具，海岸上也布满蛾螺的重武器，以及玉螺的平滑球体。

　　从南北卡罗来纳州的南部，海滩世界似乎属于各种毛蚶。它们壳的数量远远超过别种贝壳，虽然形状各有不同，但全都坚硬稳固，且有长而直的铰链。毛蚶着一簇黑色如胡子般的角质层，在活的标本中生长浓密，但在海滨磨损的壳上，则显得稀疏。

　　火鸡翅是色彩鲜艳的毛蚶，黄壳上有红色的条纹。它也有厚厚的角质层，栖息在深海的裂缝之中，以强健的足丝，依附在岩石或其他支撑物上。虽然有些种类的毛蚶分布之广，使软体动物的分布范围横跨了整个新英格兰（例如小小的枕头毛蚶，以及所谓的血蚶——少数会流红色血的软体动物），这群生物在南部海滩占据主导地位。在佛罗里达西海岸著名的萨尼贝尔岛，贝壳的种类可能比大西洋岸的任何一个地方都多，然而毛蚶还是占了海滩贝壳堆的95%。

　　在哈特拉斯角和卢考特角的海滩，江珧蛤开始大量出现，但它们也可能大量栖息在佛罗里达的墨西哥湾海岸。我曾在萨尼贝尔岛的海滩上，见到它们成千上万地聚集（甚至在寂静的冬日里）。猛烈的热带飓风对这种薄壳软体动物的破坏，实在教人不敢置信。萨尼贝尔岛与墨西哥湾之间约有15英里的海滩，有人估计，在这处海滨，一次风暴就能带来上百万的江珧蛤，它们被来自海底30英尺的巨浪扯开。江珧蛤脆弱的壳在风暴的巨浪下互相撞击，许多都破裂了。但就算碎裂的程度没有这么严重，它们也不可能再回到大海之中了，它们的命运已经注定。和它们共生的豆蟹好像知道这点似的，纷纷由壳中爬了出来，就像传说故事中，老鼠弃沉船而去一样。成千上万的豆蟹在大浪中，茫然地四处乱游。

江珧蛤吐出固定身体用的足丝，这些足丝闪着金色的光泽，与众不同。古代人用地中海江珧蛤的足丝编织金色的布料，柔软到可以穿过指环的布料。这样的产业在意大利爱奥尼亚海滨的塔兰托依然兴旺。人们以这种丝线编织手套或其他小衣物，作为仿古玩或供游客收藏的纪念品。

一只"天使之翼"（海笋蛤）能完好无损地在上层海滩的冲积物中幸存下来似乎是一件不可思议的事。它看起来非常脆弱，其瓣膜是最纯的白，其内的生物活着时，可以穿透泥炭或坚硬的土层。"天使之翼"是力量最强的钻孔蛤，有极长的虹吸管，可以和海水保持接触，也能够深深掘穴。我曾在巴泽兹湾的泥炭层中发现它们，也曾在新泽西海岸暴露出泥炭层的海滩上找到它们，但在弗吉尼亚北部，很少见它们。

这么洁净的色泽，这么精致的结构，一生都埋藏在黏土中。"天使之翼"的美似乎注定要被埋没，直到它死后，壳由海浪冲出，带到沙滩上，才得以见天日。"天使之翼"在幽暗的囚牢之中，隐藏了更神秘的美——在没有敌人的威胁，又避开了其他所有生物的情况下，这种动物散发出奇特的绿色光芒。为什么呢？要给谁看？有什么原因？这些都无从知晓。

海滩的漂浮物中，除了贝壳之外，还有其他形状和纹理都很奇特的物体。大小、形状各不相同，扁平如角或宛若贝壳一般的盘状物，是海螺的厣板，是这种生物缩回壳内时，覆盖在开口上的保护门。有些厣板是圆的，有些如叶片状，有些则像细长弯曲的匕首（南太平洋一种称为"猫眼"的海螺的厣板，其表面一边是圆的，如小男孩玩的弹珠一般平滑光亮）。各种海螺厣板的形状、质地和结构各不相同，用此来辨识在其他方面很难区分的种类，是非常有用的。

在潮汐漂浮物中，也可找到许多伴海洋生物度过初生岁月的小小空卵囊。这些卵囊各有不同的形状和质地，黑色的"美人鱼的钱包"属于鳐鱼所有，是平坦角状的长方形，两端各有两个长而卷曲的叉状物或卷须伸出。鳐鱼就是用这种叉状物把装有受精卵的小包附在近海海底的海草上，幼鳐鱼成熟孵化之后，其"废弃的摇篮"经常被冲上海滨。黑线旋螺的卵囊好像一种开花植物的干种荚，是一团薄如羊皮纸的容器，附着在中央茎上。那些槽型的蛾螺或把手形的蛾螺的卵，是一串长而呈螺旋状的小小囊状物，质地也如羊皮纸般。每个扁平而呈卵形的胶囊中，容纳了数十个蛾螺宝宝。它们的壳虽小，但具体而微小的形状，教人叹为观止。有时候，在海滩上还可以发现一些小螺留在卵囊内，在卵囊的硬壁中嘎嘎作响，好像干豆荚中的豌豆一样。

所有能在海滩上发现的物体中，最令人困惑的可能是玉螺的卵囊。就像用细砂纸裁剪出玩偶的披肩一样，各种各样的玉螺家族制造出的"领子"大小不同，形状也略有差异。有些边缘平滑，有些则呈扇形，各个种类的卵囊的排列方式也略有不同。玉螺这种奇特的卵囊容器是由足部底下推出的黏液在壳外塑造成形的，结果形成了领形，卵就依附在已经沾满沙粒的领子底部。

和零碎的海洋生物混在一起的是人类入侵海洋的证据——船桅、绳索、各种各样的瓶子、桶子和盒子。如果这些物体在海中漂流的时日够久，那么也会带来海中的生物。它们随着海流漂浮，成了浮游生物幼虫所依附的坚实物体。

在大西洋沿岸，刮完东北风或热带风暴过后的日子，是寻觅大海漂流物的好时机。我记得有一天夜里，飓风刮过纳格斯赫德海面，第二天依然风大浪高，海滩上涌来了许多流木、树枝、厚木板和船桅。其中许多都长满了茗荷儿，是开放海域的鹅颈藤壶。一块长长的木板上布满了如老鼠耳朵般的小小藤壶，在其他的浮木上，有些藤壶已经长到一英寸或更长，还不包括长柄。浮木上的藤壶大小，约略可以作为船桅在海上漂流时间的指标。几乎每片浮木上都密密麻麻地长满了藤壶，教人不由得惊讶于在海中漂浮的幼虫数量。它们时刻准备抓握住在流体世界漂浮的任何坚实物体，因为没有一只能够单独在海中完成发育，这真是奇特的讽刺。这些奇形怪状的小东西，每只都有长着纤毛的附属肢，必须要附着在坚实的表面上，才能转变为成虫的形体。

还有柄藤壶，生命史上类似岩石上的橡子藤壶。在硬壳内的是小小的甲壳动物躯体，长有满附纤毛的附属肢，可以把食物扫入嘴里。其主要的不同之处在于，其壳长在肉质茎上，而非牢固地附着在海底的平坦基部。这种生物不觅食的时候，会把壳紧闭起来，就像藤壶一样；而当它们开口觅食之际，附属肢也有同样韵律的扫掠动作。

我在海滩上见到一截显然已经漂流很久的树干，其上满布藤壶褐色的肉质茎柄和橡牙色调的壳，染着少许的红蓝色彩，中世纪的人会误把这种奇特的甲壳动物冠以"鹅颈藤壶"之名。17世纪，英国植物学者约翰·杰拉德（John Gerard）以自己的经验，这样描述"鹅树"或"藤壶树"："我在我们英国多佛和如美之间的海岸旅行，发现一截腐朽的老树干。我把它拉上岸，在腐树干上发现了成千上万深红色的囊状物，另一端长着一只贝壳动物，外观如小小的贻贝。打开之后，发现其中有赤裸的生物，形状如鸟，其他壳里，则是如长满柔软细毛的鸟。壳半张开，鸟儿也好像要掉出来一般，这无疑是称为'藤壶'的雁鸟。"

杰拉德充满想象力的眼睛显然把藤壶的附属肢看成了鸟儿的羽毛。他根据这样薄弱的立论，提出了如下的无稽之谈："它们在三月或四月之间产卵孵化，五月或六月小鹅成形，接下来那几个月小鹅长满羽毛。"因此在许多违反自然的古书上，我们都可以看到树木上生出形如藤壶的果实，其中有小鹅孵出，破壳飞去。

　　被抛在海滩上的旧船桅和泡在水里的浮木上遍布着船蛆的痕迹，圆筒形的长通道出现在木头的各个部分。虫子本身已无踪影，只偶尔留下小块的钙质壳碎片，说明了船蛆虽然躯体细长宛如蠕虫，但其实是软体动物的一种。

　　早在有人类之前，船蛆就已存在；然而人类在居住于地球的短短期间，却助船蛆大量繁殖。船蛆只能在木头里生存，如果船蛆幼虫在某个关键时期找不到木材，它就会死亡。海洋生物这么全然受制于来自陆地的物体，似乎非常奇特而不妥。在木本植物演化登陆之前，可能没有船蛆，它们的祖先可能是如蛤一般的生物，在泥或黏土中挖掘，用掘出来的洞穴作为基地，吸取海中的浮游生物为食。而在树木进化发展之后，船蛆的先驱适应了新的栖地——由河流带入海洋的少数林木，但它们的数量一定很少。直到几千年前，人们以木制船航海，在海滨建造码头。船蛆在这所有的木制建筑物中，找到更大的生存范围，却因此造成人类的损失。

　　船蛆在历史上早有记载。罗马战舰、航海的希腊和腓尼基人、新世界探险家，都为此烦恼。18世纪，它们在荷兰人建的海堤上蛀蚀了蜂窝般的洞孔，威胁荷兰的存亡。（荷兰学者最先对船蛆展开大规模的研究，对他们而言，了解这种生物攸关自己的生死。1733年，史奈利斯 [Snellius] 首次提出，这种生物是如蛤般的船蛆软体动物，而非蠕虫。）船蛆在1917年左右侵入旧金山港口，人们还来不及察觉它们的侵蚀，渡船码头就崩塌了，码头和满载货物的车辆都陷入港中。第二次世界大战期间，船蛆是隐形的大敌，尤其是在热带海域。

雌性的船蛆把后代留在洞穴中，直到后代化为幼虫的形态，接着，雌蛆把它们释入海里——每只幼虫都是包覆在两个保护壳中的微小生物，看起来就像任何一种双壳类动物一样。在它进入成虫阶段之际，如果遇到木头，就可顺利成长。它伸出细长的足丝为锚，长出足部，壳也变成强而有力的切割工具，外表长出成排的尖锐棱面，开始挖掘洞穴。

这个动物用强而有力的肌肉，以棱线凸起的壳刮擦木头，同时旋转，造出平滑如圆筒状的洞孔。洞孔通常沿着木材的纹理，越伸越长，船蛆的身体也跟着长大，一端依然贴附着接近微小入口处的壁面，它带有虹吸管，以此来与海水保持接触。尖锐的另一端则带着小小的壳，在这两端之间，是一条细如铅笔的身体，可长达18英寸。虽然一块木头上可能爬满上百只幼虫，但洞孔互不干扰。如果有幼虫接近另一只幼虫的洞孔，就必然会转向。它一边钻孔，一边让挖松的木屑通过消化道，有些木头经消化后转变为葡萄糖，这种消化纤维素的能力在动物世界非常罕见（只有某些螺类、昆虫和极少数其他动物拥有这种能力），不过它们也很少运用这样复杂的技巧，且主要靠流过它身体的丰富浮游生物为食。

海滩上的其他木头则留有穿石贝的遗迹。这些只穿透树皮外缘的浅洞，洞孔宽阔，是标准的圆筒状。穿石贝只是在找庇护所和寻求保护，并不像船蛆一样会消化木头，而只依赖虹吸管吸入的浮游生物为食。

空的穿石贝孔有时候会吸引其他的房客，就像被弃的鸟巢，可能会成为昆虫的家园。在南卡罗来纳州熊崖盐湾的泥岸，我曾捡拾到满是洞孔的木头。强健的白壳小穿石贝曾经住在这里，它们老早以前就已经死亡，甚至连壳都消失不见了。但每个洞孔中有暗色的闪亮虫体，就像蛋糕里塞了葡萄干一样，这是小海葵的收缩组织。它们在那里，在淤泥满布的水和软泥世界之中，找到海葵必须要有的小小基底。看到海葵生长在这么匪夷所思的地方，实在教人讶异，幼虫怎么可能正好就在这里，抓住这个偶然的机会，住进挖掘得整整齐齐的木头洞孔中。同时，我们也为生命庞大的浪费而感到惊愕，因为每只能够成功找到家的海葵，相对地，也有成千上万找不到栖处的海葵。

于是，在高低潮线上的废弃物和漂流物提醒我们，海面下有奇特而截然不同的世界。虽然我们在这里所见的只是生命的外壳和碎片，但经由它，我们意识到生与死，活动与变化，也理解了生物由洋流和海潮，由风拂波浪而移动转运的过程。

这些不由自主的移栖动物有些是成虫，可能在旅程中死亡。另外有些则被送往新居，在那里发现有利的生活条件，因而能够生存下来，甚至繁衍下一代，扩展这种生物的分布范围。但其他许多移栖生物仍是幼虫，它们能不能安全抵达新家，需要许多条件的配合——幼虫时期的长短（它们能不能在必须蜕变为成虫的阶段之前，抵达遥远的陆地），它们所遭逢的海水的温度，以及可能带它们到生存条件合适的浅滩、抑或把它们带入深海中，使它们死亡的洋流的走向。

因此，我们走在海滩上，心中想着百思不得其解的问题——海岸的殖民化，尤其是在沙海中的"岩岛"（或外观似岩石之物）每当人类建造防波堤或突堤，或是为了建造码头或桥梁，把桩材没入海中，不见天日。然而，当这些桩材再次由海床冒出之际，坚硬的表面却覆满了典型的岩石生物。殖民于岩石的动物怎么会在这南北延伸数百英里的沙岸之间出现呢？

我们思索着答案，了解那永不停歇的移栖，虽然注定大半徒劳无功，但确保生命永远在等待着那难得的机会出现。洋流并不只是水的流动，它是生命之潮，永远带着数不清、算不尽的海洋生物的卵和幼虫。它带着强健的生物横越海洋，抑或一步一步地朝远方的陆地移动。它携带生物，沿着看不见的深沉通道，随着寒冷的潮流，沿海床流动。它也带来了生物，在海面新生成的岛屿上落地生根。我们只能认为，这些行为在生命初现于海洋之时，就已经展开。潮流沿着路线行进，我们就可以期待某种生命形式，有可能，或甚至必定会扩展范围，占据新的疆土。

在我看来，这显示了生命力的急迫：这强烈、盲目、不知不觉的生存意志，向前推进，向外扩张。在这种全宇宙的移栖之中，大部分的参加者注定失败，这是生命的奥秘。然而，数十亿的失败之后，必有一些会成功，这更是生命的奥秘。

第五章

珊瑚海岸

在浸蚀成锯齿状的光裸岩石上，

珊瑚的花纹呈现着荒芜的死寂过往，

随着时光流转，

多少个世纪的生物融入了永不间断的时间之流中，

唯有海洋，

才是珊瑚礁和红树林沼泽朦胧未来的主宰者。

    每个曾经去过佛罗里达礁岛群的人都一定体会得到这块红树林四布的海空之交有多么独特。这片礁岛群有它自己强烈的特色。这里远甚于任何其他地方，过去的回忆、未来的预示和眼前的现实紧密结合。在浸蚀成锯齿状的光裸岩石上，雕刻着珊瑚式样的花纹呈现了荒芜的死寂过往。乘船漂浮在五彩缤纷的海中花园，则可以看到热带生命的繁茂与神秘，眼见生命的悸动；通过珊瑚礁和长满红树林的沼泽，则可以朦胧地看到未来的前兆。

礁岛群在美国独一无二，甚至举世罕有。活的珊瑚礁点缀着成串的岛屿，有些礁岛正是旧珊瑚死去之后的遗体，而活的珊瑚虫可能于一千年前在温暖的海域中繁荣兴茂。这并非是由无生命的岩石或沙滩所形成的海岸，而是活生生的生物活动所创造的，这些生物虽然是由和我们一样的原生质组成，却能够把海中的物质化为岩石。

活珊瑚礁存在于温度高于70华氏度（约21摄氏度）的水域（纵使偶尔降到这个温度之下，时间也不能太久），因为珊瑚动物唯有浸浴在能分泌钙质骨架的温暖水域时，才能形成巨大的珊瑚礁结构。因此，珊瑚礁和所有相关的珊瑚海岸结构都受限于南北回归线之间。此外，它们只发生于大陆东岸。这是因为地球的转动和风向，使热带洋流以固定的方式朝两极流动，大陆西部的海岸是深海的冷水上涌处，寒冷的沿岸洋流在这里朝向赤道而去，不利于珊瑚生长。

因此，在北美，加利福尼亚和墨西哥的太平洋沿岸缺少珊瑚，而在西印度群岛海域的珊瑚则长得繁茂兴盛。此外，南美洲、巴西海岸和热带非洲东部海岸也长满了珊瑚，澳大利亚东北部的大堡礁更形成了活生生的珊瑚墙，绵延千余英里。

在美国，唯一的珊瑚海岸就是佛罗里达的礁岛群。这些岛屿朝西南延伸近200英里，直入热带海域，始于迈阿密之南，正是桑兹、埃利奥特和旧罗德岛礁入比斯坎湾之口。其他的岛屿继续朝西南延伸，接续佛罗里达大陆的顶端，由佛罗里达湾隔开。最后，由陆地向外呈弧形延展，在墨西哥湾和佛罗里达海峡之间，形成细长的分界线，墨西哥湾流就由此倾注其靛蓝的潮水。礁岛群面海的那边有一片宽3~7英里的浅滩，海底在此形成了略微倾斜的平台，深度不及5英寻。深达10英寻的不规则海峡——霍克海峡，横越这片浅滩，可以乘小船驶过这片海域。活珊瑚礁构成的岩壁矗立在更深的海域边缘，形成了珊瑚平台的面海界限。

礁岛群因性质和起源不同分成两组。东边的群岛以平滑的弧线，从桑兹到红海龟礁岛延续了110英里，是更新世珊瑚礁暴露出海面的遗迹。建造这珊瑚礁的生物于最后一段冰河时期之前，在温暖的海水中繁荣兴盛，但如今这些珊瑚，以及它们所有的遗迹，都成了干旱的陆地。礁岛群东边的这些岛屿轮廓狭长，覆盖有矮小的树木和灌木，边缘则有珊瑚石灰岩，暴露在开阔的海面上，经由宛如迷宫的红树林沼泽区，进入佛罗里达湾，隐匿在那端的浅水区。

西边的岛屿称为派恩岛，是不同的陆地，由起源于间冰期的浅海海底的石灰石构成，如今只略微凸出水面。不过礁岛群的所有岛屿，不论是由珊瑚动物建造的，还是由海中漂积物积聚形成的，都是由大海之手塑造而成的。

这段海岸的存在和意义，代表的不只是水陆间不稳定的平衡；它不断地诉说着眼前正在发生的变化，由生物的生命过程所带来的变化。也许当人站在各礁岛之间的桥上，远眺方圆数英里的水域，偶见水平线那端覆盖着红树林岛屿，这时才最能体会到这一点。这就像是块梦幻之地，沉浸在过去之中。但在桥下，一株绿色的红树林幼苗漂浮在水上，细而长，一端已经开始长出根来。它穿过海水向下伸展，准备要抓住沿途可能碰到的软泥沙洲，然后紧紧地扎根其中。

这些年来，红树林在各个岛屿之间架起桥梁，并延伸了大陆，创造了新的岛屿。而携着红树林幼苗，流经桥下的潮水，则和挟带着浮游生物流向建造外海珊瑚礁的珊瑚动物的潮流合而为一，创造了如岩石般坚固，且总有一天能够融入大陆的固体墙面，因此造成了这段海岸。

要了解鲜活的现在，并预期未来，就必须回顾过去。地球在更新世至少经历了四段冰河时期，严寒的气候和大片的浮冰朝南而去。在每个冰河时期，地球上都有大量的水凝结成冰，全球的海平面向下沉。冰河期之间则是较和缓的间冰期，期间冰河融化，水流回海岸，全球的海平面又升高。从最近的冰河时期，也就是所谓的"威斯康辛"（Wisconsin）冰河期以来，地球上的气候越来越温暖，但温暖的程度并不一致。在威斯康辛冰河作用之前的间冰期称作"桑加蒙"（Sangamon），而佛罗里达礁岛群的历史则和它息息相关。

形成如今礁岛群东部各岛屿结构的珊瑚，就是在桑加蒙间冰期建造的珊瑚礁，也许距今只有数万年。那时候海洋可能比现在高100英尺，覆盖了佛罗里达高地的整个南部。在高地东南斜坡边缘的温暖海域，珊瑚开始在约百来英尺深的海中生长，接着海平面下降约30英尺（这是新冰河作用的初期，由海洋蒸发的海水在遥远的北方像雪一样落下），接着海平面又下降30英尺。在越来越浅的海域，珊瑚更繁荣茂密地生长，珊瑚礁也向上发展，其结构更接近海平面。

然而，原先海平面下降促进了珊瑚的生长，如今却成了刽子手。因为在威斯康辛冰河时期，冰在北方增加、累积，使海平面降低，珊瑚礁暴露在海面上，其上所有的活珊瑚生物全都死亡。虽然珊瑚礁又一次短暂地浸没在海水之中，却再也唤不回造筑它的生物。接着它又再度浮出水面，一直持续至今，只有较下部处在海水中，变成了岛礁之间的通道。古老的珊瑚礁暴露在海面上，因雨的溶解和海浪的拍打而腐蚀解体。在许多地方，老的珊瑚都露出头来，非常独特，种类很容易辨识。

虽然珊瑚礁是活生物，在桑加蒙海累积生长，但后来，变成礁岛群西部各岛屿石灰石沉淀物的，是在珊瑚礁靠岸边的那一隅累积起来的。当时最近的陆地是在北方150英里处，目前佛罗里达半岛南端的所有土地，当时都沉浸在海水中。海洋生物的遗体、含石灰石的溶液，以及海水中的化学反应，使得覆盖浅海底的软泥形成。接下来的海平面变化使软泥的结构更紧密，硬化为细致的白色石灰石，包含了许多小小的碳酸钙球体，很像鱼卵。由于这种特性，它们也有"鲕状石灰石"或是"迈阿密鲕状岩"之称。这就是紧接在佛罗里达大陆南部的岩石。最近的沉淀物形成了佛罗里达湾的海床，接着又在大派恩岛礁和基韦斯特之间的派恩群岛和西部礁岛群冒出海平面。在大陆上的棕榈滩、劳德代尔堡和迈阿密等城市，就位于这块石灰岩脊上；这是海潮扫过古老的半岛海岸线，化软土为蜿蜒沙洲时形成的。迈阿密的鲕状石灰岩在大沼泽地的底部，是表面崎岖不平的岩石，有的形成了尖峰，有的下陷为洞孔。太米阿米小道和由迈阿密到基拉戈礁公路的建造者用挖泥机沿路挖掘出这些石灰岩，并用其建造了高速公路的路基。

了解这样的过去之后，我们就可看出，早先地球上的演化过程不断重现，同样的模式一再地重复。活的珊瑚一如过去一样，在海上生成，沉淀物在浅水域中累积，虽然难以觉察，但海平面一直在改变。

在珊瑚海岸外，浅处呈碧绿，远处则是一片蔚蓝。暴风雨之后，甚至在刮过东南风时，"白水"（white water）涌现，浓稠如牛奶一般的白色钙质沉淀，被冲出珊瑚礁外，或在珊瑚礁底层的深处受到扰动。在这样的日子里，潜水面罩和氧气罩可能会被弃置不用，因为水下的能见度和伦敦的浓雾一样，伸手不见五指。

"白水"是礁岛群附近浅滩高浓度沉淀的副产品。只要涉入水里几步，就可见到累积在底部，如淤泥的白色物质漂浮在水中。它很明显地落在每一处海底表面之上，其细尘落在海绵、柳珊瑚和海葵之上，掩埋了低矮的海藻，一层白色的细尘覆盖在大型蜂孔海绵的黑暗躯体上。涉禽类的搅动使它恍若云影，风和强烈的潮流也使它骚动。它累积的速度非常惊人，有时在暴风雨过后，两次涨潮之间，就累积了两三英寸高的沉淀物。沉淀物的来源各不相同，有些是动植物死亡之后分解而来——软体动物的壳、沉积石灰质的海藻、珊瑚的骨架、蠕虫或海螺的管状外壳、柳珊瑚和海绵的骨针以及海参的骨板。有些则来自水中碳酸钙的化学沉积物，这也是由构成南佛罗里达表面的广大石灰岩溶解而来，被河流和大沼泽地的平缓径流带入海洋。

如今的礁岛群弧外几英里之处，是由活珊瑚礁石形成的浅滩的向海边缘，俯视着一条陡坡通向佛罗里达海峡的深渊。珊瑚礁由迈阿密南端的福伊礁岛延展到马克萨斯岛和海龟岛，大体勾勒出10英寻深的等深线。但它们也经常上升到较浅的深度，偶尔也突出海面，成为小小的近海岛屿，上面点缀着灯塔。

乘着小船浮在珊瑚礁上，透过玻璃底小舱朝下望，我们会发现很难一眼望尽整个地形，每次看到的都非常有限。甚至亲身探索的潜水人员，也很难意识到自己竟站在高山之巅，受潮流而非风的扫掠。在这里，柳珊瑚像灌木丛，鹿角珊瑚则像石头块。海床朝陆地缓缓倾斜，由高坡到霍克海峡的宽阔深谷，接着再度升起，破水而出，成为一连串低平的岛屿——佛罗里达礁岛群。但在珊瑚礁面海的那一侧，海底迅即降低，落入蓝色的深渊。活珊瑚约在10英寻深的水域中生长，再向下可能太幽暗，或沉淀物太多，因此，没有活珊瑚，而是由死珊瑚礁构成的基底，是在海平面较现在低的时候形成的。在水深约100英寻之处，有干净的岩石海底，物种丰富，但生长在此的珊瑚并不建造珊瑚礁。在300~500英寻深处，沉淀物再度累积在佛罗里达海峡深沟的斜坡上——墨西哥湾流的通道。

　　至于珊瑚礁本身，成千上万的生物，包括植物与动物、活的与死的，都成了它的一部分。各种各样的珊瑚，以石灰塑造的小杯，构成了许许多多奇特而美丽的形体，成为珊瑚礁的基底。但除了珊瑚虫之外，还有其他建造者，珊瑚间所有的空隙全都填满了它们的壳或石灰管。而紧紧依附着珊瑚礁的，是来源多样化的珊瑚礁建造者，有建造石灰管的群聚蠕虫，也有海螺属的软体动物，其扭曲的管状壳错综交织，形成巨大的结构。钙质海藻能在活组织内沉积石灰质，成为珊瑚礁的一部分，或是在浅滩靠岸的那端茂密生长。到它们死亡的时候，也加入珊瑚沙中，接着珊瑚沙便会形成石灰岩。角珊瑚或俗称海扇和海鞭的柳珊瑚，它们柔软的组织内都含有石灰石骨针。这些石灰质与来自海星、海胆、海绵和大量小生物的石灰质，最后都会随着时间的推移和海洋的化学作用，构成珊瑚礁的一部分。

有建造，就有破坏。隐形穿贝海绵溶解了石灰岩，钻孔软体动物使其上布满了通道。长有尖利上下颚的蠕虫大举啃食，破坏其结构，让大块珊瑚礁粉碎于波浪之下的那一天提前来到，也许还会在珊瑚礁面海的那一端，落入更深的海域。

这整个结构复杂的基础，是外观看来非常简单的微小生物——珊瑚虫。这种珊瑚动物的结构和海葵相似，它具有圆筒形的双层管，底部封闭，顶部则敞开，口部围绕着一圈触手。两者重要的不同，也是珊瑚礁赖以存活的事实——珊瑚虫能分泌石灰质，在它周遭形成坚硬的杯状物。这是由外层细胞造成的，就像软体动物的壳由外层的柔软组织（外套膜）分泌一样。这种像海葵一样的珊瑚虫位于如岩石般坚硬的物质之中，由于珊瑚虫的"皮肤"不时朝内翻转，形成一系列纵向的褶皱。又由于这所有的"皮肤"都积极分泌石灰质，因此杯状物并没有平滑的边缘，而是由朝内突出的间隔区分，形成了星形或花形的图案，任何曾经仔细观察过珊瑚的人，对这样的花纹应该都非常熟悉。

　　大部分的珊瑚是许多个体群集的聚落。然而，任何一个群居处的所有个体都是由同一个受精卵发育成熟，然后出芽形成新虫体。群栖体拥有该物种的特色——如树枝、似圆石、平坦的覆壳或呈杯状。其核心坚实，因为只有表面被活的虫体占据。有些种类的珊瑚，虫体可能分隔得很稀疏，另外一些种类的珊瑚虫则紧紧地挤在一起。通常群栖体的面积越大，范围越广，其构成的个体就越小。比人还高的枝状珊瑚，其珊瑚虫本身可能仅有1/8英寸高。

　　珊瑚群体中的硬物质通常是白色，但也可能染上微小植物细胞的色泽。这些植物存在于珊瑚的软组织内，和珊瑚共生，植物吸收二氧化碳，而动物则利用植物排放出来的氧气。不过，这种共生的关系可能还有更深的意义。海藻的黄、绿、褐色色素属于类胡萝卜素这种化学物质。最近的研究表明，珊瑚内海藻的色素可能也作用于珊瑚，作为"内在调节剂"，影响其繁殖的过程。在正常情况下，这种海藻的存在似乎对珊瑚有利，但在光线微弱时，珊瑚动物却把海藻排泄出来，摆脱它们。这也许意味着，在微弱光线或是黑暗之中，整个植物生理过程改变，其新陈代谢的产物也变成了有害的物质，因此，动物必须驱逐这不速之客。

　　珊瑚群体内还有其他奇特的生物组合，在佛罗里达礁岛群和西印度群岛的其他地方，隐螯蟹在活的脑珊瑚上表层，挖了形如烤箱的洞。随着珊瑚的生长，这种蟹仍设法保留半圆形的开口，这样它在幼年时期可以进出，然而一旦它长大成年，就可能被困在珊瑚里。这种佛罗里达隐螯蟹的生存细节罕为人知，但在澳大利亚大堡礁的珊瑚中，有类似种类的蟹。这种蟹只有雌蟹会形成虫瘿（galls），雄蟹的体积很小，且它显然是趁雌蟹被囚在珊瑚中的时候，前往拜访。这个种类的雌蟹过滤涌入海潮中的有机生物为食，其消化器和附属肢都更进步。

整个珊瑚礁和近海都长满了茂密的角珊瑚或柳珊瑚，有时候数量甚至超过普通的珊瑚。紫色的海扇朝着经过的洋流铺开它的花边，整个海扇结构下，数不清的嘴由微小的孔中伸出，触手也伸向海中捕食。有一种人称"火烈鸟舌蜗牛"（flamingo tongue）带着坚实而光泽闪烁的壳，经常生活在海扇上。柔软的外套膜伸出来覆盖壳部，是淡肉色泽，上面有许多黑色约略呈三角形的花纹。被称作"海鞭"的柳珊瑚数量更多，形成了浓密的水下灌木丛，高到腰际，有时候甚至如人一般高，珊瑚礁的淡紫、紫、黄、橘、褐和浅黄色泽，就是这些柳珊瑚的颜色。

结壳海绵在珊瑚壁边伸展它们黄色、绿色、紫色和红色的席垫；充满异国风情的软体动物，如偏口蛤和海菊蛤附在上面。长棘的海胆在空洞和隙缝中，形成毛发竖立的暗色缀片。色彩缤纷的鱼儿成群结队游过珊瑚礁前，闪烁着光泽，独来独往的掠食者——灰笛鲷和梭鱼则躲在珊瑚礁中，等着捕食它们。

夜里，珊瑚礁活了起来。由每个石质分枝，到珊瑚塔，到圆顶的珊瑚正面，小小的珊瑚动物都躲避着日光，瑟缩在保护壳中，直到夜幕低垂，才伸出它们的触手，以水面上的浮游生物为食。小甲壳动物和其他的微小浮游生物，在珊瑚分枝旁漂浮游泳，立刻成了珊瑚触手上无数刺细胞的猎物。虽然每个浮游动物体都非常微小，但想要毫发无伤地通过交织在一起的鹿角珊瑚的枝条，机会非常渺茫。

珊瑚礁内的其他生物也趁着黑暗和夜晚出来活动，许多生物从白天所隐身的石窟和隙缝中冒出。甚至隐藏在大片海绵中的奇特生物群——小虾、端足目生物和其他不请自来、深深隐藏在海绵管道中的"客人"，也趁着夜色，缓缓地沿着黑暗而狭窄的坑道爬行，聚集在入口处，探看着珊瑚礁世界。

一年中总有某些夜晚，珊瑚礁上会发生非比寻常的事件。南太平洋名闻遐迩的矶沙蚕在某一月的某一夜，而且唯有那个时刻，会以惊人的数量聚在一起产卵。西印度群岛的珊瑚礁群中，或者至少在佛罗里达礁岛群中，也有一种与矶沙蚕关系相近，但并不那么出名的种类。人们曾在干龟群岛的珊瑚礁、佛罗里达角和西印度群岛的几个地方，见到大西洋矶沙蚕产卵。在海龟岛的矶沙蚕总在七月产卵，通常是在下弦月之际，虽然偶尔也会在上弦月发生，但从不会在新月时产卵。

矶沙蚕生活在死珊瑚礁的洞穴里，偶尔侵占其他生物的通道，有时则咬下岩屑，创造自己的洞穴。这种奇特小生物的生活似乎由光主宰，在它尚未成熟时，很排斥亮光，包括日光、满月的月光，甚至朦胧的月光。唯有在深夜最黑暗的时刻，去除了光线的阻碍之后，它才会冒险由洞中探出头来，朝外爬几英寸，啮咬岩石上的植物。接着，随着繁殖季节的迫近，虫体内部也发生了显著变化。性器官成熟了，虫体的后1/3处出现新的颜色，雄性是深粉红色，而雌性则呈灰绿色。虫体的这个部位因卵子或精子而扩张，使体壁变得薄而脆弱。由这里至虫体的前端，有非常显著的收缩。

终于在一个夜晚，这些外形剧变的矶沙蚕，以新的方式回应月光。它们不再逃避光线，也不再因月光而自囚于穴中。相反，因月光的吸引，它们探出洞穴，上演奇特的仪式。它们退出洞穴，推挤出肿胀而体壁薄弱的后端，立即开始一连串扭转回旋的动作，呈螺旋状蠕动，直到身体突然在薄弱的地方断裂。每只虫都断为两截，这两截分属两种不同的命运——一截留在洞穴中，恢复黑暗时羞怯的劫掠者角色；另一截则朝上游到海面，成为上千万蠕虫的一员，加入产卵的行列。

在夜晚的最后几个小时里，产卵的矶沙蚕的数量急剧增加。黎明到来，暗礁海面上密密麻麻全是这样的小虫。第一缕曙光出现时，矶沙蚕受到光线的强烈刺激，开始扭转收缩，薄壁的身体爆开，精子、卵子全都洒入海里。产完卵的空虚虫体虚弱地浮在水面上，被闻风而来享受飨宴的鱼儿一口吞下。不久，所有浮在水面上的剩余虫体全都沉下海底死去，但漂浮在海面上的受精卵，却在深达数英尺、面积达数英亩的水域悬浮着。从它们身上可以看到迅速的变化——细胞分裂、结构分化。到当天晚上，受精卵产出微小的幼虫，以螺旋动作在海中游泳。有三天的时间，幼虫浮在海面上，接着它们开始在海面下的珊瑚礁中挖掘洞穴，直到一年后，它们又会重复同样的产卵行为。

矶沙蚕的一些亲缘蠕虫定期聚集在礁岛群和西印度群岛周围。它们的虫体闪闪发亮，在黑夜里呈现出如烟火般美丽的色彩。有人认为哥伦布报告他在十月十一日所见的光，"约登陆前四个小时，月亮升起前的一个小时"见到的神秘光亮，可能就是这些"火虫"所造成的。

自珊瑚礁涌来的潮水扫掠过沙洲，并在岸边较高的珊瑚岩上止息。有些岛礁的岩石因风化而平滑，其表面平坦，轮廓圆润；其他许多岩石则因海洋的浸蚀作用，而变得粗糙不平。深深的坑疤，反映出多少世纪以来，波浪和海水的溶解动作，就好像狂风骤雨下的海洋表面冻结成坚实的固体，或像月球的表面。小小的洞穴和溶解形成的洞孔延伸到高潮线上下。在这样的地点，我总能清楚地觉察到脚下古老的死珊瑚礁，以及如今纹理、图案已经粉碎磨平的珊瑚，它们曾是精雕细琢的容器，容纳活珊瑚动物置身其间。所有建造珊瑚礁的动物现在都已经死了——它们已经死去成千上万年了，但它们的创造物仍存在，是活生生现存的一部分。

我蹲在凹凸不平的岩石上，聆听着空气和水在这些珊瑚表面所发出的呢喃和低语——这个不属于人类的潮间世界的声音，几乎没有明显的生命迹象打破这份孤寂。也许偶尔有暗色的等足类生物，如海蟑螂，疾走越过干涸的岩石，冒着暴露在光线和敌人眼前的危险，迅速由一个黑暗的凹处，跑向另一个凹穴，消失在小小的海洋洞窟中。在珊瑚岩石中，有成千上万的同类，一直要到黑暗笼罩一切，它们才会大举出猎，搜寻动物的遗骸和植物的渣滓为食。

在高潮线上，繁茂的微观植物的生长使珊瑚岩变暗，描绘出神秘的黑线，这条黑线标志着世界所有岩石海岸的海洋边缘。由于珊瑚岩表面不平和深层切割，海水经由缝隙和洼地从高潮岩下流入，黑暗区蔓延到起伏不平的突起、洞穴和小洞窟边，而较淡的黄灰色的岩石则排列在潮水线下的洼地上。

有显眼的黑白条纹的小海螺——蜓螺，挤入珊瑚的裂缝和洞穴内，或憩息在暴露的岩石表面，等着潮水涌回，供它们觅食。其他的海螺则躲在表面有粗糙珠状突起的圆壳之中，它们属于滨螺属。就像其他的滨螺一样，这些有珠状突起的滨螺也尝试登陆，生存在海岸高处的岩石或圆木下，甚至到达陆地植物的边缘。数不清的黑色拟蟹守螺群集在高潮线下，以岩石上的薄层海藻为食。活海螺受某些无形的束缚，只能存在于潮水区附近，但它们死后所废弃的壳，却被最小的寄居蟹发现，用作栖身之所，然后带到海岸较低处。

这些被深深侵蚀的岩石，也是石鳖的家。其原始的形体可以追溯到古老的软体动物类群，现在的石鳖就是这种软体动物唯一存活在世上的代表。它们卵形的躯体上覆盖了8块连接横板，可以在潮水退下时嵌入岩石上的凹穴。它们紧紧地抓住岩石，即使是大浪也无法控制它们倾斜的轮廓。高潮覆盖它们之际，它们开始四处爬动，继续由岩石上刮擦食物来吃，其身体也随着齿舌，或如锉刀一般的舌头的刮擦动作而摇摆。一个月又一个月过去了，石鳖不论朝任何方向，都只移动了几英尺。由于这种不爱动的习性，使得海草的芽苞、藤壶的幼虫和造管蠕虫都能在它的壳上定居发育。有时候，在黑暗的湿洞里，石鳖一只堆着一只，每只都刮食着其下方那只背部上的藻类。我们或许可以说，这些原始软体动物在岩石上的摄食，可以算得上是地质变化的媒介，它们刮擦海藻的同时，也除去了微小的岩石分子。因此，历经这么多个世纪，这种古老的生物仍过着它简单的生活，继续对磨损地表的侵蚀过程做出贡献。

在一些礁岛上，可以见到称作"石蟥"的潮间带小软体动物，它们住在很深的小岩洞中，洞口处长满成群的贻贝。石蟥虽然是属于螺类的软体动物，却没有壳。它们属于由蜗牛或蛞蝓构成的群体，这个群体中，许多都没有壳，或是把壳隐藏了起来。石蟥栖息在热带的海岸，通常是在被侵蚀得凹凸不平的岩岸。潮退之际，成串的小小黑色石蟥成队由洞口冒出头来，蠕动身体，破除阻碍，由贻贝足丝间向前推进，每个洞穴内爬出十来只，就像石鳖一样刮食植物。它们冒出洞时全都裹着黏液，看起来墨黑、湿润而闪亮。经过风吹日晒后，小蛞蝓干燥成深蓝黑色，表面有薄薄一层亮色。

在这些旅程中，石蟥在岩石上的路径似乎并不规则，随遇而安。潮落到最低处，它们继续觅食，甚至在潮水开始上涨时，也依然觅食不辍。就在回涨的潮水淹到它们的前半小时左右，在海水溅入它们的巢内之前，所有的石蟥都停止了进食，并返回洞里。虽然它们向外行走时，是漫无目的地信步而行，但回到巢内，却是采取直达的路径。每个社群的成员都回到自己的巢穴，虽然它们可能得经过侵蚀得非常严重的岩石表面，也可能会和其他石蟥回巢的路径相交错。所有属于同一个巢穴社群的个体，在觅食的时候，可能分离得很远，但几乎在同一时刻，都开始回程。刺激它们行动的因素是什么？并不是回涌的潮水，因为潮水还未碰到它们；但当潮水再一次攀上岩石时，它们就能安全地回到巢里。

这个小生物的行为模式使人迷惑不解。为什么它会受到吸引，再次回到其祖先千百万年前所遗抛弃的海滨？只有在潮退时，它才会探出头来。接着，它感受到海水逼近，似乎想到它最近和陆地的亲密关系，于是在潮水找到它、带走它之前，赶紧避开。它怎么获得这样的习性的——既受海洋吸引，又拒斥海洋？我们只能提出问题，却得不到答案。

为了保护自己，石蟥在觅食之旅中，自有察觉和驱赶敌人的方法。它背上微小的乳状凸起对光和闪过的影子十分敏感，其他附在外套膜上、较粗的乳状凸起上则生有腺体，能够分泌乳状的强酸性液体。如果它突然受到惊扰，就会喷出如注的酸液，酸液在空中分散成喷雾状，可以喷到五六英寸高，也就是它身长的十余倍。德国动物学家森珀（Semper），曾研究一种菲律宾石蟥。他认为这种双重的装备是用来保护石蟥免受在海滨跳跃的鳚鱼之害。在许多热带红树林海岸边都可看到鳚鱼，它们顺着浪潮跳跃，以石蟥和螃蟹为食。森珀认为，石蟥可以察觉鱼儿逼近的阴影，分泌出白色的喷雾，借此驱散敌人。在佛罗里达州或西印度群岛的其他地区，并没有鱼跃出水面追捕猎物；然而，在石蟥觅食的岩石上，却有匍匐行进的螃蟹和等足类，它们的推挤、冲撞很可能会把石蟥赶入水里，因为石蟥并没有抓握岩石的结构。不论什么原因，石蟥面对螃蟹和等足类，都像在应付危险的敌人一样，喷射驱退敌人的化学液体，来回应它们的触碰。

热带高低潮线之间的地区，几乎所有的生物都很难生存，太阳的热量增加了潮退时暴露在阳光下的危害。能造成生物窒息的沉淀物累积在平坦或略微倾斜的表面上，使得生活在清澈、冷凉北方海域岩岸的动植物，都受到了阻碍，无法生长。这里没有新英格兰那般分布辽阔的藤壶、贻贝，只有少数的动物成小群地四散分布。每个岛礁上的分布情况各有不同，但没有一处可以称得上繁茂。这里并没有北方的大海藻林，只有小小的海藻分散生长，各种分泌石灰质的脆弱形体，也不可能为大批的动物提供庇护所或保护。

　　虽然朔望大潮涨退之间的区域通常不适宜生存，但有两种生命形体非常自在地生长其间——一种是植物，另一种是动物，且这两种生物也唯有在此才生长繁茂。其中的植物是美得出奇的海藻，宛如一个个绿色玻璃球不规则地群集在一起，这是法囊藻（海瓶子）。法囊藻能形成大型囊泡，囊泡中含有体液，这种体液和周遭的海水有绝对的化学关系，其中所含钠、钾离子的比例，依阳光强弱的变化、暴露于海浪的情况以及其存在的环境中其他条件而定。它在突出的岩石下和其他有遮蔽的地方，形成了整片成团或成堆的翡翠小球，半埋在漂来的深层沉淀物中。

　　这个潮间珊瑚世界的动物代表是一群螺类，然而其整体构造和这类软体动物的生活方式截然不同。它们被称为蛇螺，或是“蠕虫似的”海螺，其壳并非如一般腹足动物的螺旋状或锥状，而是松散且不卷曲的管状，非常像蠕虫所建的石灰质管。生存在这个潮间带的这个种类性喜群栖，它们的管状物紧紧地挤在一起，交织成块。

这种蛇螺和同种软体动物的形体、习性各不相同，说明了它们生存环境的情况，也显现出生物时时等着改变自己，适应新的生存空间。在这个珊瑚平台上，潮水每天涨退两次，每次潮水上涨，都带着由海上涌来的食物。要享受这种丰富资源的最好方法就是，停留在同一地点，趁着海潮涌来之际，在其中捕捞。在其他的海岸，藤壶、贻贝以及造管蠕虫，也都进行着这样的活动。这并不是螺类的生活方式，但这种独特的螺类能适应，变得很少活动，放弃了它们惯常的游荡习惯。

它们不再独居，反而变得极端爱群集，壳拥挤交织，群居在一起，使得早期的地质学者称它们为"蠕虫岩"（worm rock）。它们放弃了刮擦岩石以便觅食和吞食大型动物的习性，反而吸入海水，过滤微小的有机食物。它们伸出鳃的前端，像网一样拖过水中——这种适应性可能在所有螺类软体动物中是独一无二的。蛇螺清楚地展现了生物的可塑性，以及对周遭环境的适应。

一次又一次，一群群完全不同，且毫无亲缘关系的动物遇到了同样的问题，已经由针对相同目的而演化出的不同构造所解决。因此，藤壶大军用它们亲缘身上原本用作游泳的附属肢的变异结构，在新英格兰海岸潮水中扫掠食物。成千上万的鳘蟹群聚在波涛汹涌的南部海滩，用触须上的刚毛滤食；而在这里的珊瑚海岸边，奇特的螺类挤在一起，用鳃过滤涌来的潮水。它们虽是不完美的非典型螺类，却是运用机会适应环境的完美范例。

低潮边缘一条暗色的线，是由性喜钻岩的短刺海胆勾勒出的。珊瑚岩上的每个洞穴、每处洼地，都塞满了它们小小的黑色身躯。在我的记忆中，礁岛群有个地方是海胆的天堂——东部岛群中某座岛屿朝海的岸边。岩石在此形成陡峭的台地，下部略微凹陷，被严重侵蚀成孔和小洞，许多洞口都面向天空。我站在干燥的岩石上，朝下探看这些以水为底、以岩为壁的岩穴。在其中一个不及一蒲式耳（美制1蒲式耳约合35.24升）篮子大小的洞里，竟有25~30只海胆，洞穴在阳光下闪耀着绿色波光，在这样的光线下，海胆的球状躯体闪着鲜明、耀眼的红色，恰与黑刺形成强烈的对照。

距这个地方稍远之处，海底坡度更平缓，不再有下切的情况。在这里，岩石钻孔生物占据了每个可以提供遮蔽的空间，让人起了错觉，以为在每个小小的凹凸之处都有阴影存在。我们还不能确定它们是否用体下那5颗坚固的短牙刮擦岩石，挖出洞孔，或者只是利用自然的凹陷，找到安全的停泊点，避开偶尔扫掠海岸的暴风雨。由于某种难解的原因，这种钻孔海胆和世界各地的近缘种类，必然会受到这种特殊的潮汐水位的影响，无形的纽带可以准确而神秘地将潮汐和它们联系在一起，使它们无法远离珊瑚礁，虽然其他种类的海胆在低地之外，数量非常丰富。

在钻岩的海胆区上下，浅棕色的管状生物成群结队地由白垩沉淀物中朝上推挤。潮退时，它们的组织收缩，所有的动物特征全都隐藏起来，人们走过，总以为它们是奇特的海洋真菌。而当潮水回涌，它们的动物本性又显露无遗，从每个管中伸出一只触手，是最纯的翡翠绿。这些如海葵的生物搜寻着潮水带来的食物，触手也随之伸展开来。它们能活在这里，主要是因为它们能把纤弱的触手置于使人窒息的沉淀层之上。这些似海葵的生物能够在沉淀物深层，把身体伸展成长条，虽然在一般的情况下，它们的管子又短又壮。

在礁岛群靠海的一面，海底坡度和缓，约有1/4英里或更长的海岸浅滩可涉水。越过钻孔海胆、蛇螺和绿色、棕色的宝石海葵之后，黑色的龟草开始在粗砂和珊瑚碎片所构成的海底生长，较大型的动物也开始进驻珊瑚沙地。体积庞大的暗色海绵，生长在海水仅足以覆盖它们体积的海域，而浅水域的小珊瑚不知为什么，竟能够忍受对于一波波大珊瑚生物来说可能是致命的沉淀物，在珊瑚岩表面树立起它们坚硬的结构，呈现出粗壮的分枝或圆顶。柳珊瑚的生长习性和植物一样，是玫瑰色、棕色和紫色的低矮灌木丛，其间全都是热带海岸变幻无穷的动物，许多在这块温暖水域中自在悠游的生物，或爬、或游、或滑过浅滩。

蜂孔海绵体积庞大，生性迟钝，从外表上一点也看不出它们黑暗内部所进行的种种活动，平常的过客也根本浑然不觉其内的生命迹象。不过，如果停步等待并长时间观看，也许就可以看到一些圆形的开口从容地闭合。这些开口贯穿海绵那平坦的上表层，大小可容一根手指头伸入探索。这是了解此巨大海绵的关键。这种海绵就像体积最小的同种海绵一样，海水必须在它们体内循环，它们才能存活。其垂直的壁面有许多小口径的注水管道，成束的管道覆盖着处处是洞孔的筛板，注水管道由此横向伸入海绵内部，分枝，再分枝，变成孔径越来越小的管道，以渗透整块庞大的海绵，最后向上通往大出水口管道。也许强烈的朝外水流能防止这些出口洞孔被沉淀物阻塞，但无论如何，它们是海绵上唯一显现出纯黑的部位，因为如面粉般白的珊瑚礁沉淀物，已经在海绵的体表上撒满了。

海水流经珊瑚管道时，在管壁留下一层微小的饵料生物以及有机物碎屑。海绵的细胞捡取食物，把可消化的物质由一个细胞传递到另一个细胞，废物则排到潮水中，氧气进入海绵细胞内，二氧化碳则排出。有时候，小海绵幼虫在母体内经历初期的发育之后，脱离母体，随着幽暗的水流，顺流入海。

这些错综复杂的水道、庇护所和它们所提供的食物，吸引了许多小生物到海绵中栖息。有些来来去去，有些一旦住下就不肯离开，其中一种小虾就成为永久房客，因为它们会鼓螯发声，而被称为"鼓虾"（也就是枪虾）。成虾虽被困在海绵内，但幼虾从附在母虾附属肢上的卵孵出之后，随着水流入海，在潮汐波涛中生活一段时间，漂流、浮游、远离故居。

不幸的话，它们可能会漂浮到没有海绵生长的深水中，但许多小虾最后能及时找到蜂孔海绵的黑暗身躯，进入海绵体内，重度它们父母的奇特生活。它们在海绵的"黑暗厅堂"里漫游，刮擦海绵壁来觅食。它们沿着圆筒状的通道行进，伸出触角和大螯，好像感受到较大而可能有危险的动物逼近似的，因为海绵内住着各种房客，包括其他种类的虾、端足目生物、蠕虫、等足动物，如果海绵够大，房客的数量可能上千！

在礁岛群之外的浅滩上，我扳开了小的蜂孔海绵，听到其间鼓虾舞螯的声响，小小的琥珀色生物急急遁入更深的洞里。黄昏低潮时分，我涉入水中，也听到相同的声响。在所有暴露的珊瑚岩上，都有奇特的小小敲击声响，教人几近抓狂，却很难找出其位置。这样的敲击声确实来自岩石的某一点，但当我蹲下去仔细检视，却又一片静寂；接着，除了眼前这块岩石之外，四面八方又响起了如同小精灵敲击的声响。

我从没有找到岩石里的小虾，但我知道，它们就是我在海绵中所见的那种。它们每只都有巨大的螯，几乎和身长相当，螯上可活动的指状物化为钳栓，恰与不动指上的凹穴相合。显然，这可活动的指状物举起时，是被一种吸力保持在适当的位置；而要放下时，则必须施用肌肉的力量，克服吸力，发出声音卡住位子，同时由凹穴中弹出水流。或许水柱会赶跑敌人，协助它捕捉猎物，猎物也可能因它伸缩有力的钳子的扑击，而目瞪口呆。不论这个构造的作用是什么，鼓虾在热带和亚热带的浅水区都很常见，它们舞弄螯不歇，水听器所接收到的大半的杂音，都是它们造成的。它们使得水世界不断发出嘶嘶声和噼啪音。

五月初，在俄亥俄礁滩上，我初次邂逅了热带海兔（黑指纹海兔）。当时我正涉水走过异常繁茂的高大海草区，突然海草中有动静吸引了我的视线。我见到几只笨拙的长足动物在草丛中移动。它们的身体呈淡黄褐色，上有黑色的环纹，我小心翼翼地用脚碰触它，它立即响应，喷出一团小红莓果汁色泽的云雾来隐蔽自己。

之前，我在加利福尼亚州的北海岸见过海兔，那是只小生物，约莫与我的小指等长，在石堤附近的海草中平静地嚼食。我伸手将它捧到眼前，辨明它的身份之后，又小心翼翼地把这小生物送回海藻中，它继续嚼食。只有极力地修正它在我脑中的形象，我才能接受这种似乎属于神话书中的热带生物，竟与我第一次邂逅的小精灵存在亲缘关系。

大型西印度海兔栖息在佛罗里达群岛、巴哈马群岛、百慕大以及佛得角群岛。它们通常生活在近海，唯有在孵卵繁殖时，才移栖到浅滩（我在低潮线附近发现了它们），把卵产在低潮线附近的缠结海草叶片上。它们属于海螺的一种，但没有外壳，只有内在的残留物，被柔软的外套膜组织覆盖。它的两只突出的触角让人以为是耳朵，而如兔子般的体形则是它俗名的由来。

不论是因为它奇特的外表，还是因为它经常被误认为带有毒性的防身液体，都让人认为它是有毒的，海兔早已在民俗传说的旧世界、迷信和巫术中，占有一席之地。普林尼（Pliny）曾说，触摸它会中毒，建议将它用驴奶和磨碎的驴骨同煮，当成解毒弹。《金驴》（*The Golden Ass*）的作者阿普列尤斯（Apuleius）也对海兔的内在构造产生了兴趣，他说服两名渔夫帮他采集了一个标本，却因此被指控施巫术和下毒。

大约过去了15个世纪，没有任何人胆敢发表关于这种生物内部构造的描述，直到1684年，雷迪（Redi）才开始描述它。虽然当时的人们普遍称之为蠕虫，有时又称之为海参，有时又称之为鱼，但他至少正确地把它归类为海蛞蝓。在过去的一个世纪或更早以前，人们终于认清了海兔的无害特性。它们在欧洲和英国很常见，但主要分布在热带海域的美洲海兔，却罕为人知。

也许少有人认识海兔是因为它们很少在产卵时，移到潮水区。海兔是雌雄同体的生物，既可以作为雌性又可以作为雄性。在产卵之际，海兔以小小的喷涌动作推出长长的螺旋形卵带，一次大约一英寸，持续缓慢的过程，有时甚至可达65英尺，其中约含十万枚卵。它一边推出粉红或橙色的卵带，一边卷绕着附近的植物，形成一团缠结的卵块。卵和幼体遭逢了海洋生物常有的命运，许多卵都遭破坏，被甲壳类或其他掠食者（甚至是同类）吞食。孵化出来的幼体则面临了浮游生物所面对的无法生存下来的危险。

幼体随潮流漂浮到外海，在深海中历经蜕化变为成体，栖息海底。它们的色泽随着朝陆地移栖时所吃的食物而改变，先是深玫瑰色，接着变成棕色，再接着变为橄榄绿的成体。就一种欧洲种类的海兔而言，其生命史就如太平洋鲑鱼一般，两者有奇特的类似之处。海兔成熟之后，到岸边产卵，这是个有去无回的旅程，它们不会再出现在外海的觅食地，且显然在这单一的一次产卵之后便死去了。

礁岩浅滩世界有各种各样的棘皮动物栖息其间：海星、海蛇尾、海胆、饼海胆和海参，全都安家落户在珊瑚岩上、在流动的珊瑚沙中、在柳珊瑚海底花园里以及铺满海草的水底。这一切，在海洋世界的经济中都很重要，是生物链的一环，生物链的原材料取之于海洋，循环往复，最后又归还给海洋。有些在地壳形成和毁灭的地质过程中也很重要——侵蚀岩石、磨成碎沙的过程，铺设在海底的沉淀物借此累积、更替、拣选、分配。棘皮动物死亡时，坚硬的骨架提供了钙质，供其他动物之需，或是促进珊瑚礁的建造。

在珊瑚礁上，长刺的黑海胆沿着珊瑚壁挖掘洞穴，每只都沉入坑中，伸出长刺，沿着珊瑚礁游泳的泳客因此可以看到成片的黑刺森林。这种海胆也在珊瑚浅滩漫游。它安居在蜂孔海绵的底部，偶尔觉得没有必要隐藏，便栖息在开敞的沙底海域。

成年黑海胆的身体或外壳直径近4英寸，刺则长达12~15英寸，这是少数几种触碰可致中毒的海洋动物之一。据说摸到它空心长刺的后果，就像遭黄蜂的蜇刺一样，对儿童或体质敏感的成人来说可能更严重，显然，长刺上的黏液中含有刺激物或毒液。

这种海胆对周遭环境的改变十分敏锐，如果把手伸到它的上方，所有的刺立刻就全都转向入侵者，威胁入侵的物体。如果手从它的一侧朝另一侧移动，毒刺也会随之移动。西印度群岛大学的诺曼·米洛特（Norman Millott）教授指出，这种生物的神经感官遍布全身，能够根据光线强弱变化来感知环境的改变。在光线突然减少，预示危险来临之际，会敏锐地响应减弱的光线。因此我们可以说，海胆确实能够"看见"物体的移动经过。

这种海胆以神秘的方式，遵循大自然的韵律——在满月时分产卵，在夏日的朔望月，海胆的卵子和精子各在月光最强的一天夜里排入水中。不论究竟是什么原因刺激海胆产生这种反应，都确保它们同时释出大量的繁殖细胞，而这正是大自然为求生生不息所需要的条件。

在某些岛礁之外的浅水海域，所谓的"石笔海胆"居住其间，它们因粗且短的刺而得名。这种海胆性喜独居，总是形单影只地躲在低潮地区的礁岩间。从外表来看，它是行动缓慢的迟钝生物，对入侵者浑然不觉，被人捡起时，也没有用管足黏附礁岩的反应。它们属于唯一一种早在古生代就已存在的现代棘皮动物，在这一族生物中，最新的成员和数千万年前的古老祖先并没有什么不同。

另一种海胆的刺短而细，色彩变化由深紫到绿、玫瑰色或白色，在铺满草的沙岸底部有时数量颇丰。在其管足下隐藏着草屑、贝壳和珊瑚碎片，以此来伪装。就像其他的海胆一样，它们对地质也有些贡献。它们用白牙细细地啃食贝壳和礁岩，这些有机碎片经过它们的消化道研磨器，在体内修整、碾磨、打光之后，成为热带海滩上的沙粒。

海星和海蛇尾之属在这些礁岩上处处可见。巨型海星——网瘤海星的身体强壮结实，也许在近海数量更多，成群聚集在白沙上，但也有落单的朝陆地徘徊，以寻找海草茂盛之地。

小小的红褐色蓝指海星则有切断腕足的奇特习性，断足处接着生出 4 只新足，暂时成一颗"彗星"状。有时断裂之处正好横越中间的盘状物，由于再生，所以形成了 6 足或 7 足海星。这些分裂方式似乎是幼海星繁殖的方法，因为成年的海星不再断裂，而是开始产卵。

在柳珊瑚底部、海绵之下和之内、可移动的岩石下以及由侵蚀造成的礁岩小洞中，海蛇尾生长其间。每只海蛇尾都有伸缩自如的长臂足，全都由一系列形如沙漏的"椎骨"构成，能够做优雅的动作。有时它以两壁的尖端为支撑，站起来随着水流摆动，像芭蕾舞者一样优雅地弯曲其他的腕足。它们将两足向前伸，接着拉起身体或盘状物以及其他的腕足。海蛇尾以微小的软体动物、蠕虫，和其他的小动物为食，而相对地，它们也是鱼和其他掠食者的食物，有时则遭寄生虫之害。有一种小小的绿色海藻，可能会寄生在海蛇尾的表皮下，溶解了海蛇尾的钙质骨板，使腕足断裂。还有另一种退化的桡脚类生物则可能像寄生虫一样，寄居在其生殖腺内，破坏其生殖腺，使其不育。

首次见到西印度筐蛇尾，是我毕生难忘的经历。我在俄亥俄岛礁外，涉过及膝的水，就在海草中发现它正缓缓地随着海浪漂浮。它的上表层是小鹿皮毛的颜色，其下是较淡的色彩。它以腕足尖的枝状分叉搜寻、探索、测试，使我不由得想起藤蔓攀缘依附时的细致卷须。很长一段时间过去了，我站在一旁，只顾欣赏着它独特而脆弱的美。我并不想"搜集"它，打扰这样的生物是一种亵渎。最后潮水上涌，我必须离开，前往浅滩的他处，以免水淹得太深而无法再探索。等我回来的时候，筐蛇尾已经消失了。

筐蛇尾是海蛇尾和蛇星的近亲，但结构上有极大的差异：它的五足都分叉成 V 字形，接着又分枝，一再地分枝，直到最后卷曲藤蔓错综复杂地交织在它的外围形成一座迷宫。早期的自然学者为了满足找刺激的口味，以希腊神话中，能把人变成石头的蛇发女妖戈耳工（Gorgons）为筐蛇尾命名，因此，这种奇特的棘皮动物就被命名为"西印度筐蛇尾"（Gorgonocephalidae）。人们也许会以为它们会像蛇一样弯弯曲曲，但其实它们是美丽、优雅、高贵的。

由北极到西印度群岛的海岸边，都可以看到一种或两种筐蛇尾，许多也潜入海面下约一英里，毫无光线的海底。它们可能在海床上四处爬行，优雅地踮着足尖。亚历山大·阿加西（Alexander Agassiz）在很早以前就已经描述过这种动物："就像踮着足尖一样，好让腕足的分枝形成栅栏似的保护圈围绕着它，伸向地面，而盘状物则形成顶盖。"

再一次地，它们可能依附在柳珊瑚或其他固定的海洋生物上，把腕足伸向海水。分枝的腕成为布满细眼的网，捕捉小小的海洋生物。有些地方，筐蛇尾不但数量丰富，而且成群结队，仿佛为了某种共同的目的而结合在一起。接着，毗邻在一起的筐蛇尾腕足相缠结，交织成一张活生生的网，把所有不辞危险，随波而来，在数百万卷须领域内的小鱼苗一网打尽。

在近海的海岸附近见到筐蛇尾，是很难得的事情，长留在我的记忆之中。但另一种棘皮动物——海参（又名海黄瓜）则不然。不必涉水走多远，就可以看到它们。它们暗色的庞大身躯，形如其名，衬着白沙，轮廓看得清清楚楚。它们懒洋洋地躺在沙上，有时候半埋在沙中。海参在海中的作用就相当于陆地上蚯蚓的作用，摄食大量的沙、土，通过其身体的消化。它们大多用强壮的肌肉运作粗短的触手去挖掘海底的沉淀物，送入口中，在沉淀物经过体内时，由岩屑中抽出食物分子；其中的石灰质或许是因海参体内的化学作用而溶解了。

因为海参数量丰富，也因为它们的活动，深深影响了珊瑚礁和各岛屿海底沉淀物的分布。据估计，一年之内，在不到两平方英里内的海参，就可能重新分配1000吨的海底物质。另外，在深不可测的海底，也有它们辛勤工作的痕迹。平铺在底部的沉淀物不断缓慢地累积，一层接着一层，秩序井然，地质学者可以由其中了解地球演化历史的许多篇章。但有时候沉淀层的分布奇特，例如，源自某次古维苏威火山爆发的火山灰碎片，可能位于某个地点，但并非如火山爆发时薄薄的一层，而是广泛地分布在其他沉淀层之上。地质学者认为，这是深海海参辛劳的成果。由深海泥土和海底采样的其他证据，则显示成群海参生活在深海，在海底辛勤耕耘。接着的大规模移栖，并非因季节变化而主导，而是因在深海无光线的地区缺乏食物所造成。

除了在视海参为珍馐的地方之外，海参其实没有什么天敌，但它们拥有奇特的防卫系统，供受到强烈扰动时使用。海参可能会强烈收缩，造成体壁破裂，吐出大部分的内脏，有时这种举动不啻自杀，但大部分情况下，它依然能存活，而且能长出一组新的器官。

罗斯·尼克芮利博士（Dr. Ross Nigrelli）及他在纽约动物协会的朋友最近发现，大型的西印度海参（也出现在佛罗里达群岛）会制造所有的已知动物毒液中毒性最强烈的一种。它们可能是以这种化学武器作为防御。据实验证实，即使是少许的毒液，也会影响所有由原生动物到哺乳类的动物；和海参共处一个水族箱的鱼，在海参吐出内脏时，必死无疑。对这种自然毒素的研究显示，许多相互共生的小生物都处于险境之中。

海参常引来许多附属或共生动物，它也经常和一种小珍珠鱼一起躲在暗沟洞穴之中。海参的呼吸给海水提供了充足的氧气，但珍珠鱼的生命与健康，总是受到威胁，因为这种共生的鱼其实是与一桶致命毒液为邻，桶随时都可能破裂，而显然鱼儿对海参的毒液也未能免疫。尼克芮利博士发现，如果海参遭到惊扰，其房客就马上以垂死状态浮出，虽然海参真正的内脏翻腾还没有开始。

礁坪近岸浅滩上，散布着云影一样的暗斑，是茂密的海藻在沙地上拔地而起，形成了一座淹没的岛屿，是许多生物的安全避难所。在礁岛群四周，这些草丛主要由龟草组成，可能掺杂着丝粉藻和沙洲藻，它们全都属于最高等的种子植物，因此，它们和海藻完全不同。

海藻是地球上最古老的植物，一直属于海洋或淡水。种子植物一直到约六千万年前才起源于陆地，而目前在海中生长的，则源自由陆地又回到海中的祖先（这究竟是如何做到？为了什么？已经不可考究了）。如今它们生存在海水淹没之处，在水中绽开花朵，花粉由水传播，种子成熟散落，随波逐流。海草把根扎在沙中和流动的珊瑚碎片里，因此比无根的海藻稳固，它们繁茂生长，协助外海的沙抵挡潮流，就像陆地沙丘上的草抵挡风力保住干沙一样。

在龟草形成的岛中，许多动物都找到了食物和避风港。巨型海星网瘤海星就栖息在此，大型的女王凤凰螺、驼背凤凰螺、郁金香带纹旋螺、冠螺和酒桶宝螺也都以此为栖处。披挂着甲胄，长相奇特的角箱鲀游了过来，紧挨着海底，把海龙和海马紧紧依附着的草叶分开。章鱼宝宝躲藏在草根之下，万一遭敌人追赶，就深深潜入柔软的沙中，消失不见。草根下，还有许多其他的小生物生存着，各种各样，深藏在冰凉的深水中，唯有在黑暗和夜幕时分，才会现身。

但到白昼之际，涉水走到草丛，透过清澄水镜的玻璃向下望去，或者游到较深的海藻上方，透过潜水镜朝下望，就可以看到许多胆子较大的生物。活的大型软体动物四处可见，由于它们死去之后的空壳常出现在海滩，或被做成贝壳收藏品，因此让人觉得十分眼熟。

在海藻中的是女王凤凰螺。从前在每个维多利亚式的壁炉上都可见到，在佛罗里达州贩卖观光纪念品的路边小摊上，依然能看到贩卖着成百成千的女王凤凰螺。不过，在佛罗里达礁岛群，由于捕捞过度，女王凤凰螺已经非常罕见，反而要由巴哈马群岛进口，用来做浮雕。它的壳又重又大，陡峭的螺线和深刻的螺纹都无疑提高了它的防御能力，这是经由无数世代祖先遗传与环境的缓慢作用而形成的。

女王凤凰螺虽然有阻碍行动的壳和庞大的身躯，以怪异的跳跃及翻滚、伸张躯体，在海底移动；但它是警觉性高且知觉敏锐的生物，也许这有赖于两只长在长管触角顶端的眼睛。两只眼睛移动及注意周围的方式，明白地显示出它们了解周遭的环境，也把这些信息传达到作用相当于大脑的神经中枢。

女王凤凰螺虽有强健和敏锐的知觉，似乎很适合掠食生活，但它其实是水中的清道夫，只偶尔掠食活饵。比起其他螺类，它的天敌不但较少，而且纵使有，也常徒劳无功。这种螺已经和其他生物形成非常奇特的共生关系。有种叫作天竺鲷的小鱼，经常生活在它们的外膜穴内，当它把身体和四肢都缩回壳内时，可能已经没什么空间，但不知为什么，却能容得下一英寸长的天竺鲷。每当危险迫近，天竺鲷就冲进螺壳深处血肉形成的洞穴之中，在螺体缩回壳内，紧闭镰刀形的壳盖时，它暂时把自己囚禁其中。

女王凤凰螺则较不能忍受其他闯入壳中的小异物。海洋生物借潮水散布的卵、幼虫、小虾，甚至是鱼儿以及无生命的分子，如沙粒，都可能漂入壳内，栖息在壳内或外套膜内，造成刺激。女王凤凰螺对此采取传统的防御方法，把异物隔离起来，让它无法刺激脆弱的组织。外套膜的腺体以异物为核心，分泌出一层又一层的珍珠层，这是和壳内衬物同样光泽闪闪的物质。女王凤凰螺就是以这种方式，创造出有时可在其间发现的粉红珍珠。

在龟草上悠游的泳客——如果耐心足够，观察也够仔细，就会看到珊瑚沙上的其他生命形体。平坦的薄叶片由此向上伸展，随着潮水的涨落摇摆；涨潮时，朝岸边倾靠，退潮时，则漂向海中。如果够细心，也许就会看到原先以为是一片草叶（形状、颜色和动作都如此神似）的生物脱离沙地，在水中游泳——这是海龙（一种非常细长的骨质环状生物，看起来一点也不像鱼），慢条斯理地在草间游泳，身体一会儿垂直，一会儿又水平地伸入水中，动作从容。纤细的头以及长如骨状的吻部，以探索的动作伸入成丛的龟草叶或草根内，寻食小生物。它的双颊突然迅速膨大，由管状的喙吸入小小的甲壳类，就像我们用吸管喝汽水一样。

海龙以奇特的方式繁育后代。它的孵育、照顾和生长都是由雄体负责，宝宝被安置在雄鱼的保护袋中。雌鱼与雄鱼交配，卵子受精之后，雌鱼把受精卵安置在此保护袋里，让其在此发育孵化。面临危险时，幼鱼会一再地回到育幼袋里，虽然它们早已能任意在海中悠游。

另一种草中生物——海马，其伪装技巧非常高明，只有最锐利的眼睛，才能看出它正在休憩。它伸缩自如的尾巴握住一片草叶，满是骨头的小小身体向外探，伸入潮水中，好像一株植物。海马全身被犹如甲胄一般环环相扣的骨板包覆，而非一般的鳞片，好像回到鱼类得依靠厚重甲胄才能保护自己，不受敌人之害的时代。骨板相连接的边缘形成了棱纹、结节和刺，刻画出独特的表层图案。

海马总生活在漂浮而非固着于海底的植物中。这些个体接着可能会随着稳定的北向潮流，加入动植物和各种各样海洋生物幼虫的行列，漂入辽阔的大西洋，向东飘入欧洲，或流入北大西洋马尾藻海。在墨西哥湾流中，海马随着它们依附的马尾藻类海草，有时候会在南大西洋海岸靠岸。

在由龟草形成的丛林中，所有的小生物似乎都向周遭环境借来了一点保护色。我在这样的地方掏取一小块淤泥，发现纠结在这团挖起来的草里的，有十来种小生物，全都是教人惊艳的亮绿色。除了长有分节长脚的绿蜘蛛蟹之外，还有同为草绿色的小虾。也许几只角箱鲀宝宝会带来神来之笔。它们就像可经常在高潮线残留物上看到的成鱼残骸一般，小小的鱼儿包覆在骨质的盒中，头和身体装在缺乏弹性的盒内，只有鳍和尾巴伸出来，这是全身可以动弹的两个部分。这些小的角箱鲀在所栖息的海草中，由尾端到小小如牛角似的前突，通体碧如茵草。

在它们所围绕的礁岛群水道边缘，铺满海草的浅滩上偶尔会有海龟出现。它们成群栖息在礁岩外缘。玳瑁远赴外海漫游，很少登陆，但绿海龟和蠵龟则经常游入霍克海峡的浅水区，或漂浮在礁岛群之间的水道中，潮汐竞流之处。这些海龟前往长满海草的浅滩时，经常寻找膨大的饼海胆，居住在海草中的"海饼干"（一种棘皮动物），也可能逮到一些海螺。除了同种生物之外，也许唯有大海龟称得上是海螺的危险敌人。

不论蠵龟、绿海龟或玳瑁漂浮得多远，最后都得在产卵季回到陆地上。礁岛群的礁岩或石灰岩上没有地方可供产卵，但在干龟群岛的沙滩上，则可见到蠵龟和绿海龟浮出海面，像史前动物一样在沙上摇摇摆摆地行走，挖掘巢穴，埋藏它们的卵。然而这些海龟主要的产卵地区，却是在塞布尔角和佛罗里达州其他沙岸，以及向北更远的佐治亚州和南北卡罗来纳州。

如果说，大海龟只是偶尔到海草草地上掠食，那么各种各样的海螺则正好相反。它们日复一日，持续不断地掠食各种生物，一种接着一种，而且全都以贻贝、牡蛎、海胆和饼海胆为食。在所有的海螺中，最主要的掠食者是纺锤状的暗红天王赤旋螺。只要看它进食，就知道它威力无穷，其庞大的身躯如壳一般呈砖红色，伸出来包覆并且惊吓猎物。这么大块的贝肉能再缩回壳内，简直教人难以置信，就连本身也掠食其他海螺的皇冠螺，和它比起来也是小巫见大巫。很少有其他美洲腹足动物的体积像它一样（经常可见到一英尺长的个体，最大的还可达两英尺），大型的酒桶海螺也是天王赤旋螺的受害者，它们本身则常以海胆为食。然而，曾信步拜访海螺栖处的我，却浑然不知这残酷的掠食行为。

白昼下的海草世界有很长的睡眠和饱食时期，似乎是个和平的地区。滑过珊瑚沙的海螺、慢条斯理地在草根处掘洞的海参，或是迅速奔逃的暗色海兔突然经过，可能是仅有的可见生命的迹象。因为白天所有的生物都隐藏在岩壁和礁石的缝隙和角落里，爬到海绵、柳珊瑚、珊瑚或空贝壳底下寻求庇护，在海岸边的浅水水域，许多生物都得避开无所不在的阳光，因为阳光不但会刺激它们敏感的组织，还会泄露它们的行踪。

然而，表面上静止不动（由移动缓慢或甚至根本不动的生物所构成）的梦中世界，到长日将尽之际却迅速苏醒。我在礁岩浅滩上徘徊直到日落，奇特、充满紧张和惊慌的新世界，取代了白昼无精打采的太平。这个时刻，猎人和猎物全都出动，长刺龙虾悄悄地由大海绵庞大的身躯下溜了出来，横越开阔的水域，一闪而逝。灰色的笛鲷和梭鱼巡游在礁岛群的水道间，以飞快的速度冲入水中追猎。螃蟹由潜藏的洞中冒出，大小不一、形状各异的海螺则由岩石底下爬出。我在海水的漩涡中发现动作迅速以及半隐半现的阴影，朝岸上走去，察觉到弱肉强食的古老戏码再度上演。

我在夜里停泊在礁岛群海域的船甲板上，聆听着大动物的躯体在附近的浅滩上移动，或是体积宽大的生物拍打水面，水花四溅的声音。原来是赤魟跃出水面，然后落下，接着又跃入空中，再落入水中。夜晚活跃的生物之一，是颌针鱼，细长而结实的身体，看来很适合鸟的尖喙。白天，小颌针鱼在码头和防波堤出没，它们比较接近陆地，就像稻草一样在海面上漂浮。到了夜里，分布远及深海的大鱼有时到浅滩觅食，有时候形单影只，有时候成群结队。它们跃出水中，沿着水面跳跃，造成一阵骚动，在静寂的夜里老远都听得到。渔夫说，颌针鱼朝着光跳跃，如果我们在夜里乘着小船，来到颌针鱼觅食的海域，并打开探照灯来，就算不是自寻死路，也会非常危险，因为鱼儿都会跃上船来。

这个说法也许真有其可信之处，因为在礁岛群的某些地方，静夜里射在水上的探照灯光线旁，纵使发现不了鱼影，也会引来一大串飞溅的水花，因为有十数条大鱼会跃出水面。不过跳跃的动作通常与光线呈直角，鱼儿看起来仿佛在逃避光线似的。

礁岸不但包括近海的水下珊瑚世界和碎岩处的珊瑚浅滩，也纳入了红树林构成的绿色世界，寂静、神秘、变化多端——滔滔叙述着足以改变其世界的强烈生命力。珊瑚主宰了群岛靠海的边缘，红树林则占据了有屏障的海湾，密密覆盖了较小的岛礁，向外延展，伸入水中，缩小了岛屿之间的空间，化沙洲为岛屿，化海水为陆地。

红树林是植物王国的遥远移民，永远把幼代往外送，在离母株数十、数百或数千英里外的地点，建立先锋殖民地。同样的种类也生于美洲热带海岸以及非洲西岸。也许在无限久远的年代之前，美洲红树林乘着赤道洋流横跨非洲，也许这样的移栖不声不响地持续了很久的时间。红树林如何移到美洲的热带太平洋岸，是个有趣的问题，没有持续的潮流系统能让它们越过科恩角，此外，朝南的寒冷海水也可能是个障碍。

我们不知道红树林究竟从何时开始生长，确切的化石记录只能追溯到新生代，而分离太平洋与大西洋水域的巴拿马洋脊，可能更早在中世代末就已生成。然而，红树林借着某些途径，前往太平洋岸，并定植该地。红树林接下来的移栖也同样神秘，它们必定把移栖的幼苗送入太平洋洋流，因为至少有一种美国品种的红树林也生长在斐济和汤加岛上，同时也漂流到澳大利亚科科斯群岛和英国圣诞岛。1883年，印度尼西亚的喀拉喀托岛火山爆发，全岛几乎破坏殆尽，岛上的红树林中，有些似乎才新移栖。

红树林属于最高等的植物类群——种子植物，其最早的形式在陆地上发育，因此，它们是回归海洋的植物学例子，这种现象总是令人着迷。类似地，在哺乳动物中，海豹和鲸鱼回归祖先的栖息地。海草比红树林走得更远，因为它们永久地被淹没。但它们为什么要返回咸水中呢？也许红树林或其祖先的种群因其他物种的竞争迫使走出更拥挤的栖息地。不管是什么原因，它们已经入侵了困难重重的海岸世界并建立了自己的种群，还如此成功，以至现在没有植物能威胁到它们在那里的统治地位。

红树林个体的生命奇迹，始于悬垂在母株上长长的绿色幼株落到沼泽底部之际。这也许会在低潮时发生，所有的海水全都退尽，幼株落在缠结交错的树根之间，等着海水涌回，然后漂浮其间，随着潮汐往大海而去。在南佛罗里达州海岸，每年产生的上万株红树林幼株，留在母株旁边生长发育的数量不到一半，其余则飘洋过海。轻盈的组织使得它们能够浮在水面上，随着潮流移动。它们可能漂流多月，承受旅途中常有的一切变化——阳光、雨水、大浪的拍击。起先它们水平漂浮，但随着年岁增长，它们的组织发育进入新的生命阶段，并逐渐改为垂直状态，未来的根向下伸展，准备接触它们将来赖以生存的土地。

在幼株漂洋过海的旅途中，也许有小小的沙洲，是岛岸之外的小小隆起，一粒一粒地由波浪堆积生成。潮水带着红树林幼株漂入浅滩，向下延伸的尖端触碰到沙洲，尖端朝地面压去，埋入其间。

稍后，潮水涨退的运动把幼株牢牢埋入无所不纳的土壤里，接着它们或许还会把其他的幼株带到身旁。

红树林幼株一旦扎下根，就迅速成长，形成层层叠叠向外弯曲、向下伸展的根，形成一圈辅助气根。在这迅速生长纠结交错的根中，涌入了各种各样的碎屑——腐朽的植物、浮木、贝壳、珊瑚碎片、连根拔起的海绵和其他的海洋生物。由这样简单的开始，岛屿诞生了。

二三十年后，红树林的幼株就长成了大树。成熟的红树林能抵挡大浪的侵袭，也许只有剧烈的飓风才能摧毁它，而这样的飓风多年才发生一次。由于红树林辅助支撑的根部力量强大，因此，就算是狂风暴雨，也很少可以将它连根拔起。不过，强大的风暴掀起巨浪，远远越过沼泽，浪涛涌入长满红树林的内陆，剥下了树叶和小枝。如果风疾雨骤，甚至大树的主干也不免被摇撼打击，直到树皮剥裂，一片片地被吹走，只剩下光裸的树干迎接暴风雨炽烈的含盐气息。这可能是佛罗里达海岸，某些红树林幽灵森林的来由。但这样的大灾难实属罕见，在佛罗里达州西南部，整个红树林岛屿都在没有严重干扰的情况下，自然生长成熟的。

红树林边缘的树木可以说是矗立在水中，树林向后延伸至它所创造的幽暗沼泽，粗壮而弯曲的树干、错综交结的根部，遮天绿荫，这一切充满了神秘之美。这片森林以及与它息息相关的沼泽，形成了奇特的世界。涨潮之际，潮水淹没了最外缘的树根，带着许多小小的移民（海洋生物的幼虫），深入沼泽地。经过多少年代，其中许多生物都已经找到适合自己生存的环境，定栖当地，有些在树木的根或树干上，有些在潮间带的软泥里，有些在近海海湾的底部。红树林可能是生长在此的唯一一种树木，或唯一一种种子植物，所有附属的动植物都和它密切相关。

在潮汐范围内，红树林的气根上密密麻麻地长满了一种牡蛎，其壳上有指状突起，能紧握这些坚实的支撑——树干，因此，依然能保持在泥土之上。夜里退潮时，浣熊随水而下，在泥地里留下蜿蜒曲折的足迹。它们由一个树根到另一个树根，搜寻牡蛎壳内的食物。黑香螺也大啖红树林中的牡蛎，招潮蟹在泥里挖掘洞穴，趁着海水上涨，深深地埋藏其间。雄蟹拥有一只巨大的螯，这就是别名"小提琴蟹"的由来。这只螯总是不停地挥舞，显然是作为沟通和防卫之用。招潮蟹以在沙子或泥土表面植物的碎屑为食，雌蟹有两只匙状的螯可供觅食之用，而雄蟹因为已经有了一只"小提琴"，因此只有一只可供觅食的螯。这些招潮蟹的动作使得厚重的泥中通入了空气，泥中饱含有机碎屑，因此缺乏氧气，红树林必须以气根呼吸，以防埋藏在土里的根缺少氧气。海蛇尾和奇特的掘洞甲壳类就生活在其根部，而在其高枝之间，则有大群的鹈鹕和苍鹭在其上栖息做窝。

就在这以红树林为缘的海岸，软体动物和甲壳类先驱正在学习如何适应刚刚脱离海洋的生活。在红树林和潮水淹没海草根部的沼泽区中，有一种朝岸上移居的小螺类——这是咖啡豆大小的螺类（美东尖耳螺），有短而宽的卵形壳，其上缀有与周遭环境相似的棕绿色彩相间的花纹。潮水上涨时，小螺类攀上红树林根部，或爬上草茎，尽量拖延和海洋接触的时间。蟹类也逐渐形成陆地的生活形态。拥有紫螯的寄居蟹居住在最高的潮水漂浮物之上，那里有陆地植物围绕，但在繁殖期间，它向下朝海洋移动。数百只蟹躲藏在圆木和浮木碎片下，等待着雌蟹身下的卵孵化。届时螃蟹冲向海洋，把幼蟹释入祖先曾栖息过的海中。

即将结束进化之旅的巴哈马群岛和佛罗里达州南部的大型白蟹栖息在陆地上，呼吸空气，似乎和海洋切断了联系，只有一点除外——在春天，白蟹就像旅鼠一样，成群结队地向海洋行进，进入海中，释出幼蟹。不久，一群在海里完成胚胎时期的新生幼蟹，就会浮出水面，寻找上一辈在陆地上的家。

这个由红树林构成的沼泽森林世界，向北延伸了数百英里，由佛罗里达大陆最南端的礁岛群向北蜿蜒，沿着墨西哥湾的塞尔布角的北端穿过万岛群岛。这里是世上最壮观的红树林沼泽之一，是还未驯服的旷野，几乎杳无人迹。飞越其上，就可以看到红树林的运作。向下探看，万岛群岛的形状和构造很特别，地质学者形容它们就像一群鱼朝着东南方游去——每个鱼形的岛在其较大的一端，都有一汪"水眼"，而所有的小"鱼头"都朝向东南方。我们可以假设，在这些海岛还没有形成之际，浅滩上的小波浪把海底的沙堆成了一波一波的小山脊。接着，红树林移栖，化起伏为岛屿，以鲜活的绿色森林固定了沙波的形状和方位。

一代又一代，如今我们已经看到，几座小岛屿合而为一，形成大岛屿，或者陆地伸出和岛屿结合在一起。海洋几乎在我们眼前化为陆地了。

红树林海岸会有什么样的未来？如果一如过去，那么我们可以预言：如今岛屿四布的水域将会成为广阔的陆地。然而，生存在今日的我们只能猜想，不断上涨的海水可能会改写历史。

此际，红树林继续向前延伸，在热带环境下，一英里又一英里地默默地伸展森林。它们伸出具有抓握力的根，一枝接一枝地把移栖的幼株垂在地下，送上漂浮的旅程，远航而去。

在外海，细碎银洗的水域月光下，潮水拍岸的静夜里，生命的律动涌向礁岩。数十亿的珊瑚动物从海中汲取它们生存之所需，以迅疾的新陈代谢转化桡足类、海螺幼虫和微小蠕虫的组织成为自己身上的成分。珊瑚生长、繁殖、出芽，每个微小的生物都把自己的石炭质窝穴加附在珊瑚礁的结构上。

随着时光流转，多少个世纪的生物融入这永不间断的时间之流，这些珊瑚礁石结构和红树林沼泽筑造了朦胧的未来。主宰它们命运的，既非珊瑚，也非红树林。唯有海洋，才能决定它们的所建，何时属于陆地，又何时归于海洋。

第六章

永恒的海岸

在那南方无雾的海岸，

如洗的光芒映照在波浪之上，

柔和的光泽抚触着湿沙。

更远处，

海洋把涌出的潮流送上浴着月光的礁岩尖峰和暗窟，

聆听潮水，过去和未来回响其间……

我聆听着周遭的海洋声浪。夜晚的高潮正在上涨，不辨西东的混乱海潮冲刷着我书房窗下的岩石。雾已经由开阔的大海涌入小湾，在海面之上，陆地之缘，回渗到针枞之尖，静悄悄地溜到云杉、杜松和月桂里。湍急的水流，雾凉而湿的气息，人在这个世界里，是坐立不安的不速之客。他感受到大海的力量和威胁，用雾号的呻吟和埋怨，打断了夜的静谧。

我聆听潮水，思索着它如何涌上其他的海岸——那唯有一轮明月的南方无雾的海岸，如洗的光芒映照在波浪之上，柔和的光泽抚触着湿沙，而在更远处，海洋把涌出的潮流送上沐浴着月光的礁岩尖峰和暗窟。

在我的思绪中，虽然这些海岸的性质，以及栖息其上的生物，都截然不同，但因海洋一视同仁的抚触合而为一。因为我在这属于我的霎那所感受到的不同，只不过是这一刻的不同，并且由我们在时间之流中的位置，及海洋长久的韵律决定。曾有一度，我脚下的岩岸原是沙原，后来海水上涨，建立了新的海岸线。而再一次，在某个朦胧的未来，海浪会化岩石为沙粒，让海岸回到它原先的状态。因此，在我的心灵之眼中，这些海岸的形体以万花筒般变化多端的花样交互混杂合并，没有终结，没有绝对固定的现实——而陆地就像海洋一样，变成了流体。

在所有的海岸中，过去和未来回响其间；它们属于时间之流，抹消一切，却又容纳了所有的过去。它们是海洋的永恒韵律——潮汐、拍岸的巨浪、不断进逼的如注潮水——塑造、改变、主宰。它们是生命之流，如洋流一般冷酷无情地流泻，由过去到遥远的未来。随着海岸结构在时间之流中改变，生命的模式也有了变化，永不止息，永远不再年年如一。每当海洋塑造了新的海岸，一波波的生物就涌向前去，寻觅立足地，建立栖处。因此，我们才能视生命为如海洋本体那般可触知的实质力量，强大而意志坚决的力量，就像涌起的浪潮一般，永远不会粉碎或转向。

凝思丰富的海岸生命，教我们不安地感受到某种我们并不理解的宇宙真理。成群的硅藻在夜晚的海里闪烁着微小的光芒，它们究竟在传达什么样的讯息？成团的藤壶染白了岩石，其中的每个小生物都在潮水扫掠之际，找到生存的要素，这又表达了什么样的真理？如原生般透明纤弱的膜孔苔虫，为了某种我们不能理解的原因，非得以亿兆的数量聚集在岸边的岩石和海草之中而存在——这么微小的生物对大海有什么意义？这些问题经常浮现在我们的脑海中，令我们困惑不已。而在寻觅答案之际，我们也接近了生命本身的最高奥秘。

分类附录

· 原生植物、原生动物——单细胞植物与单细胞动物

　　细胞生物最简单的生物体是单细胞植物与单细胞动物，然而在这两类群体中，有许多无法确定归为这一类或那一类的生物体；因为它们虽展现出如动物般的特性，却也包含了植物独有的特质。双鞭毛虫（也叫甲藻）就是这种无法确定所属类别的生物，动、植物学者分别把它们纳入各自的研究范畴。虽然其中有些体形大得不须放大，肉眼就可以看见，但大部分体形都较小，有些带有刺状突起和精巧纹饰的壳；有些则带着如眼睛一般显著的感觉器官。

　　双鞭毛虫在海洋经济中举足轻重，是某些鱼类和其他动物的食物。夜光虫（夜光藻）是岸边水域一种较大的双鞭毛虫，发出明亮的荧光，在白昼，也因其色素细胞非常丰富，而染红海水。其

他的品种造成了所谓的"赤潮"现象，使海水变色，鱼和其他的动物也死于其微小细胞释出的毒素。高潮池中的红色或绿色漂浮物——"红雨"和"红雪"，就是这些生物或者是绿藻（如红球藻，Sphaerella）的生长形态。海中大部分的磷光是由双鞭毛虫发出的，它们发出的是均匀的散射光，却没有特别的明亮点。如果将其放入盛水的容器中仔细检视，就可以看到，光是由小光点聚合组成的。

放射虫是单细胞动物，其原生质包覆在美得出奇的硅质壳里。这些微小的壳沉入海底，堆积起来，形成海床特有的软泥或沉积物。有孔虫是另一种单细胞生物，大部分都有石灰质的壳，虽然有的也以沙粒和海绵骨针来建造其防御性组织。这些壳最后会沉入海底，以石灰质的沉淀物覆盖大面积的海底，因为地质的变化，它们可能被压缩为石灰石或白垩，最后突起，形成如英格兰岛上白垩崖壁那样的景观。大部分的有孔虫都十分微小，一克的沙里面，就可能含有高达五万个壳。不过，另一方面，化石物种如货币虫，却宽达六七英寸，形成了北非、欧洲和亚洲的石灰岩床。狮身人面像和宏伟的金字塔就是用这种石灰石建造的。而地质学者则常在石油勘探产业中采取有孔虫化石，用来判断岩层之间的关系。

硅藻（diatoms，源自希腊语diatomos，"切为两半"之意），是经常被归类为黄绿藻的微小植物，因其含有黄色的色素颗粒。它们以单一个体或成串的细胞形式存在，其活组织包裹在硅壳之内，一半密覆于另一半之上，一如盒盖与盒子。壳表有精细的蚀刻，形成美丽的图案，各个种类均不相同。大部分的硅藻都生活在开阔的海里，由于它们的数量巨大，超乎人的想象，因此，它们也是海洋中的一种非常重要的食物，除了小型的浮游动物，较大的生物，如贻贝和牡蛎，也以它们为食。当其组织死亡之后，硬壳便沉入海底，堆积在当地，形成硅藻软土，覆盖大片的海床。

蓝绿藻是最简单、最古老的生命形式，也是现存最古老的植物。它们分布很广，甚至在温泉或其他恶劣的环境中，其他植物不能生存的地区，都有它们的踪影。它们经常大量繁殖，使池塘和其他水域的表面有一层彩色的薄皮，称为"水华"（water bloom）。它们大部分都包覆在凝胶状的鞘中，以保护其免受极热或极冷环境之害。岩石海岸高潮线的"黑区"（black zone）是它们经常出现的地方。

· 原生植物门——高等藻类

绿藻能够忍受强光，在潮间带的高处茁壮生长，包括常见的多叶海白菜，以及经常生长在高岩和潮池，称作"浒苔"（肠状的）

的管状黏藻类。在热带地区，最常见的绿藻在珊瑚礁平面上是形如刷子的带帚状枝的藻类，而在礁岩浅滩形成小丛而美丽的小杯藻——伞藻，就像纯绿色的外翻小蘑菇。有些热带绿藻在海洋经济中非常重要，作为"钙离子吸收器"。虽然绿藻大半出现在温暖的热带海域，但只要是在阳光强烈的海岸，就可以看到它们的踪迹；也有些绿藻在淡水中生长。

褐藻细胞中具有各种不同的色素，遮掩了它们的叶绿素，因此它们的颜色是棕、黄或橄榄绿。除了深水之外，它们很少在温暖的海域出现，因为它们难以忍受热和强烈的阳光。不过，随着墨西哥湾流北漂，属于热带海域的马尾藻是个例外。在北部海岸，褐色的岩藻生长在高低潮线之间，海带或昆布则由低潮线向下延伸到水深40~50英尺处。虽然所有的海藻组织内都有选择地贮存着海水中不同的化学元素，但褐藻，尤其是海带，所含的碘成分特别高，从前制碘业大量运用它们，现在碳水化合物藻胶也是采用同一种海藻生产海藻酸，用于制作防火织品、果冻、冰激淋、化妆品，以及各种工业加工。这些海藻由于含有海藻酸，因此在大浪来袭之际，也有相当的弹性。

红藻是所有海藻中对光线最敏感的一种，只有几种耐受性高的红藻能够在潮间带生存；而其余的大多都是纤细柔美的海藻，主要生长在低潮线以下。有些红藻的生长区域比其他海藻的更深，达到海面下200英寻的幽暗区域，有些（珊瑚藻）则在岩石或贝壳上形成硬壳。这些海藻中含有碳酸镁或碳酸钙，在地球史上似乎扮演过重要的化学角色，也许曾协助构成含镁量丰富的白云石。

· 多孔动物门——海绵

海绵（或多孔动物）是结构最简单的动物之一，仅相当于细胞的集合体。然而，它们比原生动物更高级一些，因为它们有内层细胞和外层细胞，有各司特定功能的部位——有些用来吸入水分，有些用来摄取食物，有些则用来繁殖。这些细胞凝聚在一起，合作完成海绵的单一目标——让海水流经它本身的筛孔。海绵是一种结构错综复杂的管道系统，含有纤维或矿物质的基质，整个身体上布满数不清的小小入水孔和稍大的出水孔。最里面或中央的洞孔生有鞭毛细胞，很像原生动物的鞭毛虫。如鞭似的鞭毛拍击，产生电流，吸入水分。水流通过海绵，提供食物、矿物质和氧气，同时带走废物。

在一定程度上，海绵所属的这一门的每个小群体都有特定的外形和生活习惯，但海绵和环境的关系可能比其他任何动物都更具可塑性。在大浪下，它们不分种类，一律采取平坦外覆的形式；而在平静的深水下，它们却形成直立的长管状，或是如灌木丛一般分枝。因此，它们的形状对辨识其种类并无帮助，而海绵的分类也主要是基于其骨架的本质，这是由称作"骨针"的微小坚硬物质所构建的松散网络结构。有些骨针是钙质的，有些则属硅质的，而海水只含有微量的硅质，因此，海绵必然过滤了非常大量的海水，才能够形成骨针。从海水中抽取硅的功能只限于原始的生命形式，在动物中，比海绵高级的生物都没有此种功能。商业用途的海绵则属第三种，含有角状纤维的骨针，只生长在热带海域。

大自然由此开始进化发展，似乎先走了一段回头路，再以其他材质重起炉灶。所有的证据都显示，腔肠动物及其他更复杂的动物另有起源，海绵陷入了进化的死巷。

·腔肠动物门——海葵、珊瑚、水母、水螅

腔肠动物结构虽简单，却预示了所有较高等动物的进化蓝图。它们拥有两层独立的细胞——外胚层和内胚层，有时还有未分化的中间层，但并非由细胞组成，而是较高等生物的第三细胞层——中

胚层的先驱。每种腔肠动物基本上都是双层空心管状，一端封闭，另一端则开放。这种构造有多种变化，造成了海葵、珊瑚、水母、水螅等互异的生命形体。

所有的腔肠动物都生有刺细胞，称为刺丝囊（nematocysts），每个刺细胞都生有卷曲、尖锐的纤维，包覆在饱含液体的囊内，随时准备释出，刺穿或缠住经过的猎物。高等动物并无刺细胞，扁虫和海蛞蝓虽有这类细胞，却是因为吞食腔肠动物而得来的。

水螅纲清楚地展现了这群生物的另一个特色，也就是所谓的世代交替。如植物般依附海底的水螅，产生了形如小水母的水母体一代，这些生物接着又生出如植物的水螅体一代。在水螅体中，最显著的世代是互相依附的分枝群体，"螅茎"上长了生有触手的个体。大部分的水螅体形如小海葵，用来捕捉食物。其他的个体则出芽生殖生出新的世代——水母体（有各种形式），游走、发育、成熟，再把精或卵细胞释入水中。由这样的水母体所生的卵，受精之后，发育成另一个如植物般的水螅型。

另一群钵水母纲或是真正的水母，则以水母体世代为主，水母体高度发展。水母体形由极小到极大的极地水母——霞水母，最大直径可达8英尺（常见的则是1~3英尺），触手长达75英尺。

珊瑚虫纲（或称花样动物）动物，早已摆脱了水母体的世代。这群生物包括海葵、珊瑚、海扇和海鞭。海葵代表的是基本雏形，而其他则属于群栖型。其中，如海葵般的水螅个体埋藏在基质之中，可能形成如礁岩的造礁珊瑚；也可能如海扇或海鞭，由以蛋白质为主的物质构成，类似于构成脊椎动物毛发、指甲、鳞片的角质素。

· 栉水母动物门——栉水母

英国作家巴比利恩（Barbellion）曾说过，阳光下的栉水母是世上最美丽的事物。其组织如水晶般，这个小小的卵圆形生物在水中旋转时，闪烁着虹光。

栉水母因为通体透明，有时被当成水母，但两者的结构不同，这一门最特别的构造是身上的栉板。8行栉板成排地出现在体表上，栉板之间相互连接，边缘有如发般的纤毛。当板子不断地推动生物在水中前进之时，纤毛也打断了阳光，形成独特的闪光。

就像某些水母一样，大部分的栉水母都有长触手，虽然没有刺细胞，却有黏板，可以分泌黏液，以缠结方式捕捉猎物。栉水母以鱼苗及其他小动物为食，主要生活在上层水域。

栉水母门是动物界的一个小的门类，所属生物不及百种。有一种栉水母因身体平坦，不会游泳，而只能在海床上爬。有些专家认为这些爬行的栉水母后来演化成了扁虫。

· 扁形动物门——扁虫

　　扁形动物包括许多寄生生存以及独立生存的个体。独立生存的个体薄如叶片，就像一片活生生的薄膜，漂过岩石，有时还会游泳起伏，让人想到溜冰运动。就演化而言，它们已经有了重大的进展，是首先拥有三个胚层的生物，而这也是所有高等动物的特性。它们的形体两侧对称（一侧对应另一侧），头的那端总是先行。它们有最简单的神经系统，而眼睛则可能只是简单的色素点（有些生物则有发育良好、长有水晶体的眼睛器官）。扁虫并无循环系统，或许正因为如此，它们的身体才如此扁薄，各个部位都能很快地与外部沟通，氧气和二氧化碳也很容易经由表面的薄膜传递到下层组织。

　　扁虫出现在海草、岩石、潮池之中，也躲在死的软体动物壳内，通常它们都属肉食性，吞食蠕虫、甲壳类和微小的软体动物。

· 纽形动物门——纽虫

　　纽虫的身体富有伸缩性，有时圆、有时扁，其中有一种生活在英国水域的靴带虫，长可达90英尺，是所有无脊椎动物中最长的。美洲海岸浅水区的脑纹纽虫经常长达20英尺，约一英寸宽。然而大部分纽虫只有几英寸长，许多甚至不到一英寸长。在受到惊扰时，它们会收缩盘卷身体，或扭曲成结。

　　所有纽虫的肌肉都很发达，但缺乏较高等蠕虫所展现的神经和肌肉协调配合的能力。它们有简单神经节所构成的脑部，有些有原始的听觉器官，头部两侧的孔隙（可能是口部）似乎包含了重要的感官器官。虽然有的纽虫雌雄同体，但大部分纽虫是雌雄异体。然而，这种虫有强烈的无性生殖倾向，在受到刺激时经常断裂成多节，接着断裂的部分又会生成成虫。耶鲁大学的卫斯理·科（Wesley Coe）教授发现，有一种纽虫可以重复切断，直到最后成为不到原先长度十万分之一的微小生物。科教授说，成虫可以整整一年不吃不喝，以缩减体积来弥补养分的不足。

　　纽虫的独特之处在于，它拥有可以伸展的武器，称作"吻"，包覆在鞘内，能够突如其来地翻转、伸出、卷绕猎物，接着又收回到口部。许多纽虫的吻配有尖矛或探针，如果丧失，会迅速以备用品取代。纽虫都是肉食性的，主要以环节虫为食。

· 环节动物门——多毛虫

环节动物包括好几个种类，其中以多毛纲海洋环节动物为主。大部分多毛类动物擅长游泳，以捕猎其他生物为食；其他的多毛类生物则较为安静，建造各种各样的管子，以沙泥中的碎石，或由水中过滤的浮游生物为食。这些多毛虫里有一些是海中最美的生物，它们的身体闪烁着彩虹的光芒，或是有柔和美丽的色彩触角。

它们的身体结构比起低等生物有了巨大的进步，大多都有循环系统（虽然经常用作鱼饵的血虫——吻沙蚕并无血管，只在皮肤和消化管之间有充血的体腔），能够随扁薄的虫体四处散布，而血管中的血液则会把食物和氧气输送到身体各处。有些种类的血液是红色的，有些则是绿色的，其身体由一系列环节组成，前面几节结合起来，形成头部。每一环节都有一对未分枝、未分环节且如桨一般的附属肢，用来攀爬或游泳。

多毛虫有许多不同的种类，人们较熟悉的吻沙蚕经常被用来作饵，它们一生中大部分的时间都待在海底岩石的天然洞穴中，唯有外出猎食，或成群结队产卵时例外。行动迟缓的鳞片虫生活在岩石下、泥土洞穴中，或是海草的着根处。龙介虫则建造出各种形状的石灰质管，只有头部探出来。其他种类，如饰有美丽冠毛的须头虫，则在岩石下、珊瑚藻壳或多泥的海底建造黏液管。另一种习于群栖的帚毛虫，则用粗沙粒来建造精巧的建筑，宽达数英尺。这些大规模的结构虽然因的虫洞穴而错综复杂，宛如蜂巢，却坚固得足以承受人的重量。

· 节肢动物门——龙虾、藤壶、端足目生物

节肢动物门是很庞大的一个生物类群，种类总数是其他各门生物种类总和的五倍。节肢动物包括甲壳类（如蟹、虾、龙虾）、昆虫、多足类（蜈蚣、千足虫）、蛛形类（蜘蛛、螨虫和鲎）以及生长在热带，如蠕虫一般的有爪动物。而除了少数昆虫、小虱、海蜘蛛和鲎外，所有的海洋节肢动物都属于甲壳类。

环节动物成对的附肢只是简单的瓣状突起；但节肢动物的附肢拥有多个关节，擅长执行多种功能，如游泳、步行、猎食以及感知周遭的环境。环节动物的内部器官和外皮之间，只有简单的角质层；节肢动物却用充满石灰盐的坚硬几丁质骨板来保护自己。除了具有保护作用之外，在肌肉嵌入时也能有坚固的支撑。不过，也有不便之处，即随着动物成长，坚硬的外壳也必须时时舍弃（脱落）。

甲壳类动物包括如蟹、龙虾、虾和藤壶等众所周知的动物，以

及较少见的介形纲、等足目、端足目和桡足亚纲，都各具特色，也各有其重要性。

　　介形纲动物是很特别的节肢动物，因为它们的肢体并不分节，而是包覆在分为两部分的甲壳中，从一侧到另一侧扁平，像软体动物一样由肌肉来实现其开闭，其触角作用如桨，从张开的壳外伸出，协助这种小小的生物在水中划动。介形纲生物经常栖息在水草中，或是在海床的沙上，昼伏夜出觅食。许多介形纲生物都会闪闪发光，它们在四处巡游时，会释出点点小小的蓝光。它们是海中磷光的主要来源，甚至在死后干燥了，依然保持着相当程度的磷光特性。普林斯顿大学的E.牛顿·哈维教授（E.Newton Harvey）在权威著作《生物发光现象》（Bioluminescence）中说，第二次世界大战期间，日本军官在前线禁用手电筒，就使用干的介形纲动物粉——以手沾取一点点粉，加几滴水，就有足够的光线供读公文。

　　桡足亚纲是非常小的甲壳类，身体浑圆，尾巴有节，附肢如桨一般，能够急速抽动，向前推进。虽然它们的体积很小（用显微镜看也只有半英寸左右），却是海中浮游动物最主要的一大类，也是其他动物的食物。它们是食物链中不可或缺的一环，较大的海洋生物，如鱼和鲸才终能（经由浮游植物→浮游动物→食肉动物）摄取海中的营养物质。蜇水蚤目的桡足生物，亦即所谓的"红饲料"，染红了大片的海面，是鲱鱼、鲭鱼和鲸的食物。开阔海面的鸟类

（如信天翁和海燕）以浮游生物为食，有时候也捕食桡足类。至于植食性的桡足类，则以硅藻为主食，有时可以在一天之内吃掉相当于它们体重的量。

端足目动物是极小的甲壳类，两侧扁平，而等足目则上下扁平。这两个学名来源于这些小动物所拥有的附肢。端足目动物拥有可以用来游泳、步行或攀爬的附肢。等足目或"等脚"动物的附肢，则不论大小、尺寸，由身体的一端到另一端都没什么差别。

海边的端足目包括受到扰动时成群结队由海草丛跃出的沙蚤，以及近海海草中、岩石下的其他生物。它们以有机物的碎屑为食，而相对地，它们本身则遭鱼、鸟及其他大型生物的捕食。

许多端足目生物在离开水面后借着身体侧面蠕动而行，沙蚤以尾部和后腿作为弹簧跳跃前进，其他种类则仍游动向前。

海边的等足目动物（和花园里常见的潮虫属近缘），包括经常在岩石和码头木桩上活动的海蟑螂、鼠妇、海虱子。这些动物已经离开水域生活，很少再回到水中，因此如果沉浸在水中太久，就会溺毙。另一些则栖息在近海中，通常生存在和它们色彩、形体相仿的海草里。还有一些群集在潮池中，有时候咬啮涉水者的皮肤，造成他们刺痛或痒。这些动物大部分以腐肉为食，有些是寄生虫，有些则和毫无亲缘关系的生物共生。

端足目和等足目动物都把卵放在卵囊中孵育，而非把卵释入水中。这种习惯使得这两种动物中都有一些能够在海岸高处生存，这也是陆地生存必要的准备步骤。

藤壶属于蔓足亚纲（Cirripedia，拉丁文的cirrus是"一小圈环"或"卷"之意），蔓足动物因长满羽毛的美丽附肢而得名。藤壶在幼虫阶段独立生存，一如其他甲壳类的幼虫，但具有钙质壳板的成虫固定在岩石或其他坚硬的物体上。鹅颈藤壶以坚韧的茎依附他物，岩藤壶或橡子藤壶则直接依附在岩石上。鹅颈藤壶经常生活在海洋中，依附在船只和各种漂浮物体上。有些橡子藤壶长在鲸的皮肤上，或是海龟的壳上。

大型甲壳类——虾、蟹、龙虾，不但是我们最熟悉的动物，也最清楚地展现了典型节肢动物的一般结构。其头、胸部通常连接在一起，覆有硬壳（或甲壳），只有附肢显示出分节。伸缩自如的腹部或叫"尾部"，则分为几节，是重要的游泳工具。蟹类分节的尾部则折叠在身体下。

随着节肢动物的成长，硬壳必须定时脱落。它们通常由背后的裂口摆脱旧壳，其下则是新壳，折叠起皱，柔软而脆弱。甲壳类动物在蜕皮之后，必须隐居数日，躲避敌人，直到甲壳再度变硬为止。

蛛形纲动物包括鲎类以及各种蜘蛛和螨组成的另一类，后者中只有少数属于海洋生物。鲎又称为国王蟹（或马蹄蟹），它们的分布十分奇特，在美洲大西洋沿岸数量丰富，在欧洲却毫无影踪，至于由印度至日本的亚洲海岸，则共有三个种类。其幼虫阶段很接近寒武纪的三叶虫，也因为它们经常让我们想起古代，因而被称为活化石。

鲎在海湾和其他较平静的水域沿岸数量丰富，它们以蛤蜊、蠕虫和其他小动物为食。在夏日清晨，它们爬出海滩，在沙滩挖洞产卵。

·苔藓动物门——苔藓虫、膜孔苔虫

苔藓虫类是一群分类和亲缘关系都不确定的生物，它们有各种各样的形态。它们可能是蓬松的植物形态，经常被误认为是海藻，尤其是漂浮上岸的干燥形态；另一种形态则是平坦坚实的片状，覆在海草或岩石上，状如蕾丝花边；还有一种是挺直生长、带有凝胶质分枝的生物。这些生物全都是营群体生活，相邻的个体相互连接，或嵌入单一的母体生长。

呈皮壳状成片生长的苔藓虫称为膜孔苔虫，是紧密排列的小隔间构成的美丽拼嵌。每个隔间都有长着触手的小生物居住，外表与水螅体类似，但拥有完整的消化系统、体腔、简单的神经系统，和许多高等动物所具有的其他特点。群体中的各个个体相互依附，而非如水螅一般仅相互连接。苔藓动物是始于寒武纪的古老生物，早先的动物学者把它们当成海藻，但之后将其又归类为水螅。它们的海洋种类共约有3000种，而淡水种类只有35种。

· 棘皮动物门——海星、海胆、海蛇尾、海参

在所有无脊椎动物中，棘皮动物是真正的海洋动物，因为在近5000种物种中，没有一种生活在淡水或陆地上。它们是一群古老的生物，始于寒武纪，迄今数亿年间，其中没有一种曾试图上到陆地生存。

最古老的棘皮动物是海百合（crinoids或称sea lilies），以柄附着在古生代的海底。已知的海百合化石共有2100余种，而目前存活的则有800种。如今大部分的海百合生活在东印度洋海域，另一些则生活在西印度洋海域，北达哈特拉斯角，但在新英格兰海域则毫无踪影。

海边常见的棘皮动物则是代表此门的四个"纲"的生物：海星、海蛇尾和蛇星、海胆和饼海胆、海参。这一群体的所有成员，

似乎都与"5"这个数字脱不了关系。其身体结构多半由5或5的倍数组成，于是，"5"这个数字便似乎成了这些动物的象征。

海星又称"星鱼"，身体扁平，大多呈传统的五星形，但其腕足的数目不定。其表皮因石灰质板而显得粗糙，其上长了短刺。大部分种类的海星表皮上也长有附在触角（或叫棘）上的小钳子，使皮肤不致沾上沙粒，同时也可拣除想要定居其上的生物幼虫。粗糙的表皮是必要的，因为柔嫩如花的脆弱呼吸器官也自表皮向外突出。

就像其他的棘皮动物一样，海星拥有所谓的水管系统，主司运动功能，还有一些辅助功能。这种系统由一组装满水的管子构成，遍布身体各部。海星借着上表层筛孔的板子——筛板注入海水。液体沿着沟道流动，最后流进腕足下表面长沟道内的许多弹性短管（管足）。每只管足尖端都有吸盘，管足可以借着液压的变化伸长或收缩（伸长之际，吸盘抓住底下的岩石或其他坚硬表面，海星即可借此向前移动），管足也用来抓住贻贝或其他双壳软体动物的壳。在海星移动之际，任何一只腕足都可能走到前方，临时作为"头部"。

细长优雅的海蛇尾和蛇星的腕足并无沟槽，管足数量也较少。然而这类动物借着腕足的蠕动迅速前进。它们生性活跃，以多种小动物为食。有时它们会在近海海底数百只成群结队地组成"床"——这是一张活生生的网，很少有小生物能够安然逃过，抵达海底。

　　海胆的管足由身体的顶点从上到下排成5排（列），一如地球两极间的经线一般。海胆的骨板坚实地衔接着，形成了球状的胆壳。它唯一可以活动的结构是管足，经由胆壳中的孔伸出，叉棘和刺则长在骨板突起之处。管足在海胆离开水面时缩回体内，但当海胆重回水中后，又可以伸长到棘刺外，抓握海底，或用以捕捉猎物，同时，也执行感官功能。各种海胆的管足在长度和厚度上都有极大的不同。

　　海胆的口部长在下表面，由5颗闪亮的白色牙齿包围，牙齿不但可以刮擦岩石上的植物，也可协助运动（虽然其他的无脊椎动物，如环节动物，有可以咬嚼的下颚，但海胆是最先长有碾磨或咀嚼器官的动物）。牙齿由内部突出的钙质杆和肌肉组成的器官操纵，动物学者称之为"亚里士多德提灯"（Aristotle's lantern）。在其上表面，消化道经由位于海胆身体中央的肛门口通向体外，而在肛门口周围则是5片花瓣状骨板，每块板上各有一孔，可供排放卵子或精子之用。其生殖腺排列成5簇，位于上表层的背面，这也是海胆全身唯一柔软的部分——人们为了这一部分采海胆为食，尤以地中海国家为甚；海鸥也同样为此目的猎取海胆，把它们摔在岩石上砸破胆壳，采柔软的部位为食。

　　海胆的卵广泛应用在关于细胞本质的生物学研究上。1899年，雅克·罗布（Jacques Loeb）就以海胆的卵为无精人工生殖法创下划时代的范例，他仅以化学物质或机械刺激，就使未受精的卵开始发育。

海参是奇特的棘皮动物，有柔软而长的身体。它们在海底爬行，口端朝前，身体左右对称，而非这类动物辐射对称的特征。有管足的种类，管足只有3排，出现在具有功能性的体表下侧。有些海参会挖掘洞穴，用体内的小小骨针抓握身边的土或沙，协助前进。其骨针形状因种类而有所不同，得在显微镜下仔细研究之后方能正确辨识。海参生活在近海的底部，或在潮间岩石和海藻之间，在热带海域的海参不但体形大，而且数量多，在北方海域的物种则较小。

· 软体动物——蛤、螺类、乌贼、石鳖

软体动物的壳变化万千，精巧美丽，因此人们对某些软体动物的认识远比对其他海滨动物的认识多。这群动物的特性和所有其他无脊椎动物都不同，虽然它们较原始的种类以及其幼虫的本质都显示它们的远祖特性可能和扁形动物很像。它们身体柔软，没有分

节，通常有硬壳保护。其身体最引人注意也最特别的结构——"外套膜"（mantle），是如斗篷般的组织，包覆着身体，分泌出外壳，也是构成其复杂结构的装饰。

人们最熟悉的软体动物是蜗牛这类腹足动物，以及如蛤类的双壳贝。最原始的软体动物是动作慢吞吞、只会爬行的石鳖；最罕为人知的是象牙贝或掘足纲生物；而进化程度最高的是头足动物，以乌贼为代表。

腹足动物的壳是浑然一体的单壳，呈螺旋形卷曲，几乎所有的螺都是"右旋"，即壳口面向观赏者时，开口朝右。有一种例外的"左旋螺"，是佛罗里达海滨最常见的腹足动物。偶尔在原本为右旋的品种中，会出现左旋的变体。有些腹足类如海兔，壳只剩内部的遗迹，甚至如海蛞蝓和裸鳃类，壳消失得无影无踪（不过在裸鳃类动物中，卷曲的壳却出现在胚胎期）。

不论是在岩石上刮擦植物的素食类海螺，抑或是捕食动物的肉食性海螺，都生性活泼，唯有定栖的舟螺例外。它们依附在贝壳上或海底，就像牡蛎、蛤和其他双壳类生物一般，以过滤海水带来的硅藻为生。大部分的海螺都以扁平的肌肉"腹足"四处滑行，或者用同一器官在沙内掘洞。在受到惊扰或低潮之际，它们就缩回壳内，以称为"厣"的钙质或角质骨板封住开口。厣的形状和结构随螺类品种不同而互异，有时候也可用于辨识种类。

腹足动物和其他软体动物相同（双壳贝类除外），在咽的底部有长着牙齿的齿舌，有些品种的齿舌则生在长吻的末端。齿舌可以用来刮擦植物，或者在有壳的猎物身上钻孔。

双壳类多半营固着生活，罕有例外。有些（如牡蛎）把自己永久地固定在坚实的表面；贻贝和某些其他生物，则分泌出如丝绸一般的足丝，来固定自己的位置；海扇和狐蛤则是少数拥有游泳能力的双壳贝类。竹蛏拥有细长的足部，能够以惊人的速度深深钻入沙土中。

深埋在海底的双壳贝拥有长的呼吸管，它们运用这样的呼吸管吸纳水分，取得氧气和食物，得以生存。大部分的双壳贝类都以悬浮在水中的生物为食，自水中过滤微小的有机体，但包括樱蛤和斧蛤在内的一些贝类以堆积在海床上的碎屑为食。双壳贝类中并无肉食性的种类。

腹足类和双壳贝类的壳是由外套膜所分泌的，组成软体动物壳的基本化学物质是碳酸钙，碳酸钙形成方解石的外层和文石的内层，后者虽和前者有相同的化学成分，却更厚、更坚硬。软体动物的壳中也含有磷酸钙和碳酸镁，而石灰质沉积在由角蛋白形成的贝壳素基质上。外套膜中包含形成色素的细胞，以及分泌壳的细胞，这两种细胞的活动造成了软体动物贝壳上奇妙的花纹和多彩的图案。虽然壳的形成受环境中许多因素和动物本身生理因素的影响，但遗传下来的基本图案早已固定，因此每种软体动物都有自己特别的壳可供辨识。

软体动物门的第三大纲是头足纲。它们和海螺及蚌蛤大不相同，让人很难由表面看出它们属于同一门。虽然古代的海洋中满是长有外壳的头足动物，但如今，只剩下鹦鹉螺还留着体外的壳，其他头足动物的壳全都留在体内，成为不起眼的遗迹。其中的十腕目类群，有圆柱状的身体，长有10只腕足，以枪乌贼、卷壳乌贼及墨鱼为代表。另一群头足生物八腕目，则有袋状的身体，长有8只腕足，以章鱼及船蛸为代表。

枪乌贼身体强健，动作灵敏，它们几乎是海洋中速度最快的短跑健将。它们以虹吸管喷出水流游泳，前后移动水管，即可控制方向。有些较小的品种成群结队。所有的枪乌贼都是肉食动物，以鱼、甲壳类和各种小无脊椎动物为食；它们自己则是鳕鱼、鲭鱼和其他大鱼的食物，更是人们的最爱。巨型枪乌贼是所有无脊椎动物中体形最大的一种，人们曾在纽芬兰的大浅滩逮到包括腕足在内体长长达55英尺的大乌贼，是最大的乌贼标本。

章鱼是夜间活动的动物，熟谙它们生活习性的人说，它们生性胆小羞怯，栖息在岩石间，以螃蟹、软体动物和小鱼为食。有时人们还可以从洞口成堆的软体动物的空壳中找出章鱼洞穴的位置。

石鳖属于软体动物中原始的双神经纲。它们的外壳大多是由8

块互相重叠的骨板组成，由坚硬的环带联结在一起。它们慢吞吞地在岩石上爬动，刮食植物为生。它们栖息在凹洞之中，与周围环境融为一体，因此常遭忽略。西印度群岛的原住民时常捕捉它们为食。

软体动物的第五大类是罕为人知的掘足纲（亦称齿贝或象牙贝），这种生物长有类似象牙的壳，一至数英寸长，两端均有开口，它们用前端尖锐的小足在海底沙地探掘。有些专家认为，它们的身体构造和所有软体动物的古代祖先类似。但这只不过是猜测而已，因为软体动物主要的类别早在寒武纪就已经出现，而追溯其古代形体的线索又极端模糊。齿贝共有约200种，广泛分布在各处海域，不过人们从没有在潮间带发现过它们的踪迹。

· 脊索动物门——被囊亚门

海鞘是早期的脊索动物，也是被囊类这种有趣生物在海滨最常见的代表。身为脊椎动物的祖先，所有的脊索动物都在某一段生长时期拥有软骨构成的脊柱，预示着较高等脊椎动物都有脊柱这一特征。矛盾的是，成年海鞘的结构与一些低等动物具有相似性，其外形像牡蛎或蚌蛤，反而是幼虫保有脊索动物的特征。幼虫虽然微小，却很像蝌蚪，拥有脊索和尾巴，游起来非常活泼。然而，幼虫期结束之际，它却定居下来，经历蜕变，丧失了脊索，成为简单得多的成虫形态。这在演化上是非常特别的现象，幼虫反而有比成虫更高级的特性，像是退化，而非进化。

成体海鞘外形如同有两根管子的袋子，可供入水与出水，其咽部有许多缝隙，海水由此过滤，以便海鞘获得食物。海鞘的俗名来由是，当它受到惊扰时，身体会立刻收缩，由虹吸管中喷出水流。所谓结构简单的成年海鞘，是以独立的个体形式固着，每个都包含在坚硬的外壳中，外壳的材质在化学成分上与纤维素很类似。依附在外壳上的是沙和岩屑，缠结纠葛，让人很难辨识出海鞘原来的形体。它们以这样的形式大量生长在码头木桩上、浮坞和岩礁架上。至于群栖体海鞘，则是许多个体一起生活，包覆在坚硬的凝胶状物质之中。

群栖体海鞘和个体海鞘的不同之处在于它们乃是由群栖体的创始者通过无性繁殖而来。最常见的群栖体海鞘是海猪肉，其名字源自其群栖体通常呈灰色软骨式的外观。这些海鞘可能在岩石底侧形成一层薄垫，或在海面上呈直立形式，长成厚板状，碎裂之后可能会被冲上海岸。构成群栖体海鞘的个体不容易被看到，但透过放大镜可以看见其表面下有许多凹洞，每个凹洞都是单一个体通向外界的开口。然而，在美丽、群栖式的菊海鞘中，个体非常明显，结群形成了如花朵般的一簇簇。

· 致谢

我们对海岸的性质，以及海洋动物生活的了解，是成千上万人努力的成果。有些人穷毕生之力，研究单一一类生物；在我对本书进行研究时，一直深深地感受到对这些人所亏欠的感谢；他们的辛劳使我们得以从海岸生物的生活中感受到生命的完整。至于我亲自请益、比较观察心得、寻求信息和建议，并获得慷慨赐教的人，我亏欠得更多。

我无法一一点名表达我的谢意，但有些人得特别一提。美国国家博物馆（United States National Museum）的数名同人不只解我之惑，也为汉思（Bob Hines）的工作提供了无价的建言和协助。为此，我们要特别感谢艾波特（R. Tucker Abbott）、贝尔（Frederick M. Bayer）、强斯（Fenner Chace）、已故的克拉克（Austin H. Clark）、芮德（Harald Rehder）和舒兹（Leonard Schultz）。美国地质调查局（United States Geological Survey）的布莱德利博士（Dr. W.N. Bradley），他亲切地在地质方面提供咨询，解答了我许多的疑问，同时也审阅了部分的文稿。密歇根大学的泰勒教授（Professor William Randolph Taylor）在电话中热心解答了我关于辨识海藻的问题，韦尔斯学院大学的史蒂文森教授及其夫人（Professor & Mrs. T.A. Stephenson）关于海岸生态的著作对我具有莫大的启发，他们也借书信鼓励我，并提供相关意见。哈佛大学毕格洛教授（Professor Henry B. Bigelow）多年来的鼓励和亲切咨询，足以让我感怀终生。古根汉研究奖协会的赞助，使得我第一年的研究获得了资金，让本书架构成形，也助我得以进行从缅因至佛罗里达高低潮线间的田野调查。